高等学校计算机教育
信息素养系列教材

The Experiment for Fundamentals
of Computers

大学计算机基础实验指导

韩静 ● 编著

人民邮电出版社
北　京

图书在版编目（CIP）数据

大学计算机基础实验指导 / 韩静编著. -- 北京：
人民邮电出版社，2024. --（高等学校计算机教育信息
素养系列教材）. -- ISBN 978-7-115-64986-7

Ⅰ. TP3

中国国家版本馆 CIP 数据核字第 2024PB0367 号

内 容 提 要

本书是基于 Windows 10+Office 2016 的实验指导教材，是根据教育部高等学校大学计算机课程教学指导委员会提出的面向非计算机专业大学计算机基础课程教学基本要求编写的，同时覆盖全国计算机等级考试及全国高等学校（安徽考区）计算机水平考试《计算机应用基础》教学（考试）大纲的内容。

全书共 7 章，包含 15 个实验。第 1～5 章中的 11 个实验以 Windows 10+Office 2016 为平台，配合上机操作，可使读者掌握 Windows 10 和 Office 2016 的使用方法。第 6 章包含的两个实验可使读者了解有关计算机网络的主要服务。第 7 章的实验可使读者对程序设计环境及程序的编写和运行有初步的了解。

本书内容深入浅出、图文并茂，便于读者学习和掌握，可作为高等学校非计算机专业计算机基础课程的实验教材，也可作为计算机等级考试一级培训的实验教材，还可作为从事计算机应用工作人员的参考书。

◆ 编　著　韩　静
责任编辑　许金霞
责任印制　陈　犇

◆ 人民邮电出版社出版发行　　北京市丰台区成寿寺路 11 号
邮编　100164　电子邮件　315@ptpress.com.cn
网址　https://www.ptpress.com.cn
三河市君旺印务有限公司印刷

◆ 开本：787×1092　1/16
印张：10.5　　　　　　　　2024 年 8 月第 1 版
字数：284 千字　　　　　　2025 年 7 月河北第 2 次印刷

定价：39.80 元
读者服务热线：(010)81055256　印装质量热线：(010)81055316
反盗版热线：(010)81055315

前言 PREFACE

　　本书依据教育部高等学校大学计算机课程教学指导委员会对计算机基础课程实践教学时提出的要求及面向非计算机专业计算机教学的实际需要，以 Windows 10+ Office 2016 为平台编写的大学计算机基础实验指导教材。全书内容通俗易懂，操作清晰明确。本书通过规范实验要求，给出操作范例，配以巩固练习，帮助读者在实践中学习、掌握计算机，提高计算机应用能力。

　　全书共 7 章，包含 15 个实验。第 1~5 章中的实验以 Windows 10 和 Office 2016 为平台，通过上机操作，可使读者掌握 Windows 10 操作系统和 Office 2016 的基本操作；第 6、7 章包含计算机网络应用、程序设计基础实验等内容。各章均设置了若干个实验，每一个实验均包含实验目的、预备知识、实验内容与实验过程、巩固练习，以便读者通过实践训练掌握基础知识。本书附录 A 部分提供了大学计算机基础知识模拟习题及参考答案，便于读者了解自己对基础知识的掌握情况。

　　本书由韩静统筹负责，参与编写工作的还有袁琴、吴文、刘慧等，书中的实验全部取自编者的实际教学。黄山学院计算机公共教研室的老师们对本书的修订提出了许多宝贵的意见和建议，在此一并表示衷心的感谢。

　　计算机技术发展迅速，限于编者水平和时间，书中难免有不妥之处，请同行和读者批评指正。

编　者

2024 年 7 月

目 录 CONTENTS

第 1 章

计算机基础知识实验

计算机无疑是 20 世纪伟大的发明之一，它的出现改变了人类社会文化生活的方式，使人类迅速进入信息社会。今天，以计算机、微电子和通信技术为核心的现代信息科学和技术发展迅速，人类已处于以计算机网络为平台的电子政务、电子商务、数字化学习的环境中，人类社会的经济活动和生活方式都发生了前所未有的变化。

实验一　认识键盘、指法练习及汉字输入

一、实验目的

（1）熟悉键盘的分区。
（2）掌握正确的指法。
（3）熟练地进行中英文输入操作。

二、预备知识

1. 键盘的组成

常用的 Windows 键盘主要有 5 个区：主键区、功能键区、特定功能键区、方向键区和数字键区。此外，还有键盘指示灯，如图 1-1 所示。

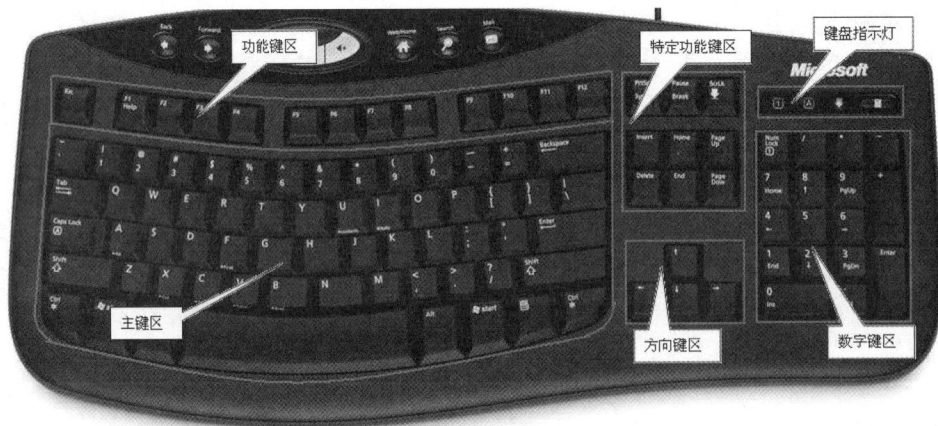

图 1-1　键盘的组成

2. 主键区的作用

主键区是键盘的主要组成部分（见图 1-2），包括字符键和控制键两大类，字符键主要包括英文字母键、数字键和标点符号键；控制键主要用于辅助执行某些特定的操作。

图 1-2　键盘详细图

（1）制表键（Tab 键）：用于使光标向左或向右移动一个制表符的距离（默认为 8 个字符）。制作

表格或执行对齐操作时经常会使用该键。

（2）大写锁定键（Caps Lock 键）：主要用于控制大小写字母的输入。未按该键时，按各种字母键将输入小写英文字母，或者在拼音、五笔字型等汉字输入法状态下输入汉字。按该键后，再按各种字母键将输入大写英文字母。

（3）上档键（Shift 键）：又称为换档键，用于与其他字符键、字母键组合，输入键面上有两种输入字符状态的第二种字符。例如，要输入"@"号，应在按 Shift 键的同时按 键。

（4）组合控制键（Ctrl 键和 Alt 键）：Ctrl 键和 Alt 键单独使用是不起作用的，只能配合其他键一起使用。比如，组合键 Ctrl + Alt + Del 用于热启动。

（5）空格键（Space）：按一下该键输入一个空格，同时光标右移一个字符的距离。

（6）Win 键：标有 Windows 图标的键，任何时候按该键都将弹出【开始】菜单。

（7）回车键（Enter 键）：主要用于结束当前的输入行或命令行，或接受当前的状态。

（8）退格键（BackSpace 键）：按一下该键，光标向左回退一格，并删除原来位置上的对象（字符）。

3. 功能键区的作用

功能键区位于键盘的最上方，主要用于完成一些特殊的任务和工作，其具体作用如下。

（1）F1～F12 键：这 12 个功能键在不同的应用软件和程序中有不同的作用，如图 1-3 所示。

F1键	显示帮助内容。在大多数软件中，按F1键可以打开帮助文档或在线支持页面。
F2键	重命名。在文件资源管理器中，选中一个文件或文件夹后按F2键，可以直接对其进行重命名操作。
F3键	查找。在大多数文本编辑器和浏览器中，按F3键可以打开查找对话框，查找特定的文本或内容。
F4键	打开地址栏列表。在浏览器中，按F4键可以选中地址栏并显示历史记录列表。但在某些软件中，F4键可能用于执行其他操作。
F5键	刷新。在浏览器中，按F5键可以刷新当前页面；在文件资源管理器中，按F5键可以刷新文件列表。
F6键	在不同的软件中，F6键的用途可能有所不同。在某些浏览器中，它用于在地址栏和页面之间切换焦点；而在其他软件中，它可能用于定位到特定的窗口或控件。
F7键	显示DOS命令（在旧版操作系统中）。在现代操作系统中，F7键的用途已经变得不那么明确，但在某些特定软件中，它可能仍然有特定的功能。
F8键	进入安全模式（在启动计算机时按下）。当计算机出现故障时，可以在启动时按F8键进入安全模式进行故障排查和修复。但在某些型号的计算机中，可能需要通过其他方式进入安全模式。
F9~F12键	这些键在不同的软件和程序中可能有不同的作用。例如，在浏览器中，F11键通常用于全屏显示；在音频播放软件中，F9键和F10键可能用于调节音量；而在某些游戏中，这些键可能用于执行特定的游戏操作或打开游戏菜单等。

图 1-3　F1～F12 键的作用

（2）Esc 键：取消键，用于放弃当前的操作或退出当前程序。

4. 特定功能键区的作用

特定功能键区的作用如下。

（1）Print Screen 键：屏幕复制键，将屏幕内容输出到剪贴板或打印机。

（2）Scroll Lock 键：滚动锁定键，按该键后，键盘右上角标有 Scroll Lock 的指示灯亮起，这时就可以用箭头标明的方向键控制屏幕显示的文本；再按一次该键，指示灯熄灭，上述功能解除。

（3）Pause Break 键：使正在滚动的屏幕显示停下来，或中止某一程序的运行。

（4）Insert 键：插入键，按该键后进入插入状态，再按一下进入改写状态，多用于文本编辑操作。

（5）Home 键：首键，使光标直接移动到行首。

（6）End 键：尾键，使光标直接移动到行尾。

（7）Page Up 键：上翻页键，显示屏幕前一页的信息。

（8）Page Down 键：下翻页键，显示屏幕后一页的信息。

（9）Delete 键：删除键，删除光标所在位置的字符，并使光标后的字符向前移。

5. 方向键区的作用

方向键主要用于移动光标，各方向键的具体功能如下。

（1）↑键：将光标上移一行。

（2）↓键：将光标下移一行。

（3）←键：将光标左移一个字符的距离。

（4）→键：将光标右移一个字符的距离。

6. 数字键区的作用

数字键区主要用于数据的录入和处理，键盘有两个数字键区，两者都能用于数据输入。位于键盘左边的数字键区是常用的数字键区，在需要输入大量数字时，使用键盘左边的数字键输入速度比较慢，因此设计了右边小键盘区的数字键。小键盘区按键的具体功能如下。

（1）Num Lock 键：数字控制键。按下该键时，数字指示灯亮，按小键盘区的数字键将输入数字；数字指示灯灭时，小键盘区的数字键为光标键。

（2）+键：加号键，表示加法运算。

（3）-键：减号键，表示减法运算。

（4）*键：乘号键，表示乘法运算。

（5）/键：除号键，表示除法运算。

7. 指法

指法就是指按键的手指分工。按键的排列是根据字母在英文中出现的频率而精心设计的，使用正确的指法可以提高手指击键的速度，也可提高文字的输入速度。

8. 中文输入法

（1）全拼输入法：按规范的汉语拼音输入，同音字可以用数字键或鼠标进行选择，多页可以用-、=键或鼠标翻页。

（2）简拼输入：输入词语可取各个音节的第一个字母，对于包含 zh、ch、sh 的音节，也可以取前两个字母。

（3）混拼输入：两个音节以上的词语，有的音节使用全拼，有的音节使用简拼。

三、实验内容与实验过程

1. 键盘操作的姿势

（1）座椅高度合适，坐姿端正自然，两脚平放，全身放松，上身挺直并稍微前倾。

（2）两肘贴近身体，下臂和腕向上倾斜，与键盘保持相同的倾斜角度；手指略弯曲，指尖轻放在基本键位上，左右手的拇指轻轻放在空格键上。

（3）按键时，手抬起伸出要按键的手指按键，按键要轻巧，用力要均匀。

（4）稿纸宜置于键盘的左侧或右侧，以便使视线集中在稿纸上。

注：请读者参照此姿势进行指法练习。

2. 正确的指法练习

（1）认识键盘，记住手指的分工，如图 1-4 所示。

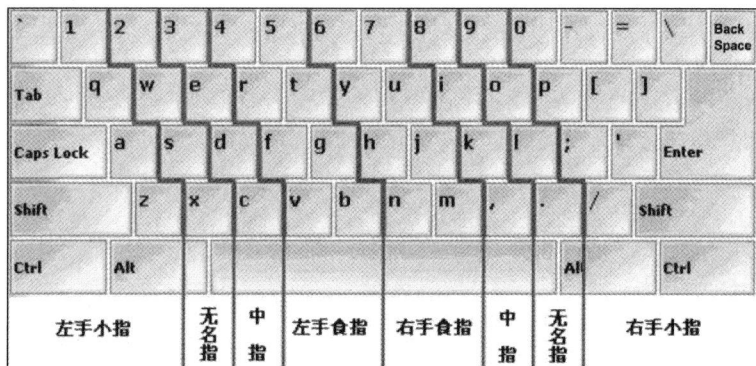

图 1-4　手指的分工

（2）注意各手指的位置和姿势，如图 1-5 所示。

图 1-5　手指的位置和姿势

（3）击键时要注意以下事项。

● 击键时用各手指的第一指腹击键。

● 击键时第一指关节应与键面垂直。

● 击键时应由手指发力击下。

● 击键时先使手指离键面 2～3cm，然后击下。

- 击键完成后，应使手指立即归位到基本键位上。
- 不击键的手指不要离开基本键位。
- 需要同时击两个键时，若两个键分别位于左右手区，则由左右手各击对应的键。

3. 输入法的切换

方法一：单击输入法指示器，将弹出包含已安装的输入法的菜单，单击要使用的输入法。

方法二：用键盘选择输入法。

（1）按 Ctrl+空格组合键切换中英文输入法。

（2）按 Ctrl+Shift 组合键在不同的输入法之间进行切换。

4. 打字训练

（1）在 Word 中输入文章《黄山游记》的内容，进行汉字输入练习，原文如下。

黄山游记

　　山之奇，以泉，以云，以松。水之奇，莫奇于白龙潭；泉之奇，莫奇于汤泉，皆在山麓。桃源溪水，流入汤泉，乳水源、白云溪东流入桃花溪，二十四溪，皆流注山足。山空中，水实其腹，水之激射奔注，皆自腹以下，故山下有泉，而山上无泉也。

　　山极高则雷雨在下，云之聚而出，旅而归，皆在腰膂间。每见天都诸峰，云生如带，不能至其家。久之，滃然四合，云气蔽翳其下，而峰顶故在云外也。铺海之云，弥望如海，忽焉迸散，如兔惊兔逝。山高出云外，天宇旷然，云无所附丽故也。

　　汤寺以上，山皆直松名材，桧、榧、楩、楠、藤络莎被，幽荫荟蔚。陟老人峰，悬崖多异，负石绝出。过此以往，无树非松，无松不奇：有干大如胫而根蟠屈以亩计者，有根只寻丈而枝扶疏蔽道旁者，有循崖度壑因依如悬度者，有穿罅冗缝、崩迸如侧生者，有幢幢如羽葆者，有矫矫如蛟龙者，有卧而起、起而复卧者，有横而断、断而复横者。文殊院之左，云梯之背，山形下绝，皆有松踞之，倚倾还会，与人俯仰，此尤奇也。始信峰之北崖，一松被南崖，援其枝以度，俗所谓接引松也。其西巨石屏立，一松高三尺许，广一亩，曲干撑石崖而出，自上穿下，石为中裂，纠结攫挐，所谓扰龙松也。石笋工、炼丹台峰石特出，离立无支陇，无赘阜，一石一松，如首之有笄，如车之有盖，参差入云，遥望如荠，奇矣，诡矣，不可以名言矣。松无土，以石为土，其身与皮、干皆石也。滋云雨，杀霜雪，勾乔元气，甲坼太古，殆亦金膏水、碧上药、灵草之属，非凡草木也。顾欲斫而取之，作盆盎近玩，不亦陋乎？

　　度云梯而东，有长松天矫，雷劈之仆地，横亘数十丈，鳞鬣偃寒怒张，过者惜之。余笑曰："此造物者为此戏剧，逆而折之，使之更百千年，不知如何槎枒轮囷，蔚为奇观也。吴人卖花者，拣梅之老枝屈折之，约结之，献春则为瓶花之尤异者以相夸焉。兹松也，其亦造物之折枝也与？"千年而后，必有征吾言而一笑者。

（2）在"记事本"程序中输入文章"Random Thoughts on the Window"的内容，进行字母输入练习，原文如下。

Random Thoughts on the Window

By Qian Zhongshu

It is spring again and the window can be left open as often as one would like. As spring comes in through the windows, so people—unable to bear staying inside any longer—go outdoors.

The spring outside, however, is much too cheap, for the sun shines on everything, and so does not seem as bright as that which shoots into the darkness of the house. Outside the sun-sloshed breeze blows everywhere, but it is not so lively as that which stirs the gloominess inside the house.

Even the chirping of the birds sounds so thin and broken that the quietness of the house is needed to set it off. It seems that spring was always meant to be put behind a windowpane for show, just like a picture in a frame.

四、巩固练习

1. 以正确的打字姿势，在 Word 中输入以下内容并保存。

匆　匆

朱自清

　　燕子去了，有再来的时候；杨柳枯了，有再青的时候；桃花谢了，有再开的时候。但是，聪明的，你告诉我，我们的日子为什么一去不复返呢？——是有人偷了他们罢：那是谁？又藏在何处呢？是他们自己逃走了罢：现在又到了哪里呢？

　　我不知道他们给了我多少日子；但我的手确乎是渐渐空虚了。在默默里算着，八千多日子已经从我手中溜去；像针尖上一滴水滴在大海里，我的日子滴在时间的流里，没有声音，也没有影子。我不禁头涔涔而泪潸潸了。

　　去的尽管去了，来的尽管来着；去来的中间，又怎样地匆匆呢？早上我起来的时候，小屋里射进两三方斜斜的太阳。太阳他有脚啊，轻轻悄悄地挪移了；我也茫茫然跟着旋转。于是——洗手的时候，日子从水盆里过去；吃饭的时候，日子从饭碗里过去；默默时，便从凝然的双眼前过去。我觉察他去的匆匆了，伸出手遮挽时，他又从遮挽着的手边过去，天黑时，我躺在床上，他便伶伶俐俐地从我身上跨过，从我脚边飞去了。等我睁开眼和太阳再见，这算又溜走了一日。我掩着面叹息。但是新来的日子的影儿又开始在叹息里闪过了。

　　在逃去如飞的日子里，在千门万户的世界里的我能做些什么呢？只有徘徊罢了，只有匆匆罢了；在八千多日的匆匆里，除徘徊外，又剩些什么呢？过去的日子如轻烟，被微风吹散了，如薄雾，被初阳蒸融了；我留着些什么痕迹呢？我何曾留着像游丝样的痕迹呢？我赤裸裸来到这世界，转眼间也将赤裸裸的回去罢？但不能平的，为什么偏要白白走这一遭啊？

　　你聪明的，告诉我，我们的日子为什么一去不复返呢？

2. 进行在线打字练习，测试中英文打字速度。

第 2 章

Windows 10 操作系统实验

　　Windows 10是微软公司2015年7月发行的新一代的跨平台操作系统，可应用于计算机和平板电脑等设备。Windows 10 较之前的版本在易用性和安全性方面有了很大的提升，可以实现多种应用程序的融合操作，给用户带来了全新的体验。Windows 10 包含了 7 个版本，分别是家庭版、专业版、企业版、教育版、移动版、移动企业版和物联网核心版。本书的 Windows 实验基于 Windows 10 专业版。

实验二　Windows 10 基本操作

一、实验目的

（1）了解 Windows 10 的启动和退出方法。

（2）熟悉 Windows 10 的桌面、窗口。

（3）了解 Windows 10【文件资源管理器】窗口的组成。

（4）熟悉文件和文件夹的显示方式。

（5）掌握文件和文件夹的基本操作。

（6）掌握文件和文件夹的压缩与解压缩操作。

（7）掌握 Windows 10 搜索功能的使用方法。

（8）掌握回收站的使用方法。

二、预备知识

1. Windows 10 的启动与退出

（1）Windows 10 的启动：打开显示器和计算机主机箱上的电源开关。

（2）退出 Windows 10 系统：关闭全部应用程序，在【开始】菜单中选择【电源】|【关机】命令。

2. Windows 10 桌面组成

桌面就是用户启动计算机登录系统后看到的整个屏幕画面，由【开始】按钮、任务栏、图标、空白区等组成。

（1）【开始】按钮：通常位于桌面底部最左边，包含使用 Windows 10 所需的全部菜单命令。

（2）任务栏：通常位于桌面的底部，显示系统正在运行的程序、打开的窗口、当前时间等。

（3）图标：代表文件或程序的图形，通常排列于桌面的左侧，如【此电脑】等；如果是应用程序快捷方式图标，图标的左下角会有一个标有向上箭头的小白框。

3. 文件

文件是一组相关信息的集合，由文件名标识。文件是最小的数据组织单元，所有的程序和数据都以文件的形式存放在外存储器上。

4. 文件夹

Windows 10 采用树型结构以文件夹的形式组织和管理文件。文件存放在文件夹中，文件夹采用层次结构。每个文件夹代表一块磁盘区域，用于存放性质类似的文件。文件夹是一种特殊的图标，双击文件夹图标打开文件夹窗口，文件夹窗口中会显示一组保存在同一子目录中的文件。

5. 文件资源管理器

文件资源管理器是一个功能强大的文件列表应用程序，主要用来管理软件资源和硬件资源，文件资源管理器采用树型结构存储和管理计算机资源。

6. 管理文件和文件夹

管理文件和文件夹是指用户根据系统和日常管理及使用的需要对文件和文件夹进行创建、浏览、选择、移动、重命名、复制、删除和隐藏等操作。

7. Windows 10 环境下的文件属性

在 Windows 10 中，文件有只读、隐藏等属性。只读是指文件只可以读，不可以修改；隐藏是指将文件隐藏起来，在一般的文件操作中不显示这些文件。

8. 文件和文件夹的显示方式

文件和文件夹的显示方式有以下 6 种。

超大图标：以超大图标的方式显示。

大图标：以大图标的方式显示。

中等图标：以中等图标的方式显示。

小图标：以多列方式显示小图标。

列表：以单列方式排列小图标。

详细信息：显示文件和文件夹的名称、大小、类型及修改时间等信息。

三、实验内容与实验过程

1. 桌面图标的操作

（1）桌面图标的查看和隐藏。在桌面空白处单击鼠标右键，在弹出的快捷菜单中选择【查看】命令，如图 2-1 所示。选择不同的显示方式后，桌面上的图标将发生相应的变化。可通过选择【显示桌面图标】命令来控制桌面图标的显示与隐藏。

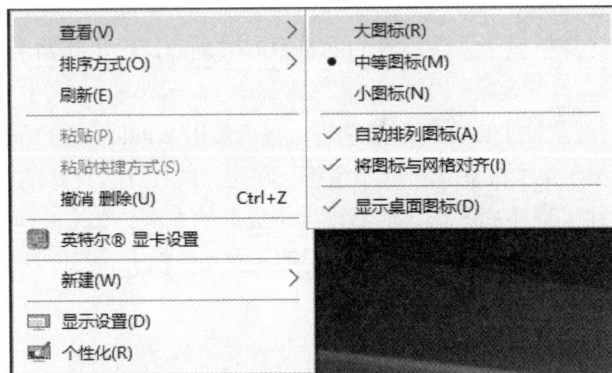

图 2-1 选择【查看】命令

（2）桌面图标的排列。在桌面空白处单击鼠标右键，在弹出的快捷菜单中选择【排序方式】命令，在子菜单中可选择不同的排序方式，如按名称、按大小、按项目类型和按修改日期。

2.【开始】菜单的基本操作

（1）在【开始】菜单中查找程序。打开【开始】菜单，可看到最常用的应用程序。单击【所有应用】选项，显示系统中安装的所有应用程序，应用程序以数字和首字母升序排列，并显示排序索引，用户可通过索引快速查找应用程序。也可以通过【开始】菜单中的搜索框查找应用程序。

（2）将应用程序固定到【开始】屏幕。【开始】屏幕主要包含生活动态及常用的应用，用户可以根据需要将应用程序固定到【开始】屏幕。选择要固定到【开始】屏幕的应用程序，单击鼠标右键，在弹出的快捷菜单中选择【固定到"开始"屏幕】命令；如要取消固定，则选中【开始】屏幕中的程序，单击鼠标右键，在弹出的快捷菜单中选择【从"开始"屏幕取消固定】命令即可，如图 2-2 所示。

图 2-2　快捷菜单

（3）动态磁贴的使用。动态磁贴是【开始】屏幕中的方块图形，也称为"磁贴"，可以通过它快速打开应用程序。

调整磁贴大小。在磁贴上单击鼠标右键，在弹出的快捷菜单中选择【调整大小】命令，有 4 种显示方式，选择相应的方式即可调整磁贴大小，如图 2-3（a）所示。

关闭磁贴。在磁贴上单击鼠标右键，在弹出的快捷菜单中选择【更多】|【关闭动态磁贴】命令即可关闭磁贴，如图 2-3（b）所示。

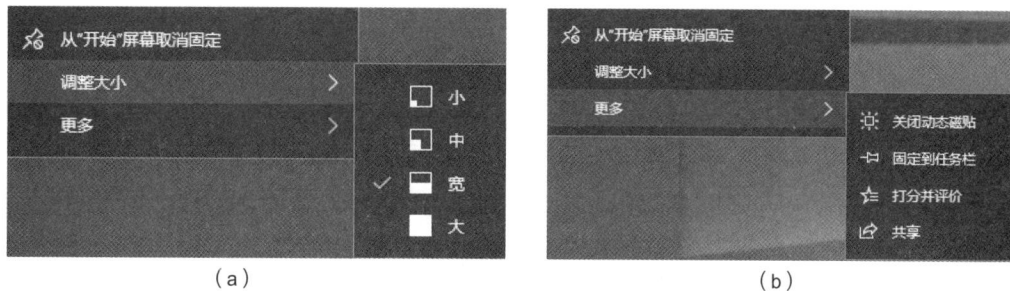

（a）　　　　　　　　　　　　　　（b）

图 2-3　磁贴设置

磁贴可动态显示相应的信息，关闭动态磁贴即停止动态展示活动，如【开始】屏幕中的时间程序。图 2-4 所示为未开启动态磁贴的效果，而图 2-5 所示为开启后的效果，显示的是当前的日期和星期几。

图 2-4　未开启动态磁贴　　　　　　　图 2-5　动态磁贴

（4）调整磁贴位置。单击选中要调整位置的磁贴，将其拖曳至合适位置释放鼠标即可完成位置调整。

（5）调整【开始】屏幕的大小。在 Windows 10 中，【开始】屏幕的大小可以调整。将鼠标指针移动到【开始】屏幕的右边框、上边框和右上角，可以分别进行横向、纵向和对角线方向上的大小调整。

3. 设置任务栏

（1）添加程序至任务栏中。

单击【开始】按钮，在弹出的【开始】菜单中选中要添加到任务栏中的程序，单击鼠标右键，在弹出的快捷菜单中选择【更多】|【固定到任务栏】命令，即可将程序固定到任务栏中。

（2）设置任务栏属性。

在任务栏空白处单击鼠标右键，在弹出的快捷菜单中选择【任务栏设置】命令，打开图 2-6 所示的【设置】窗口，在其中可进行任务栏锁定、隐藏、显示和位置调整等设置。

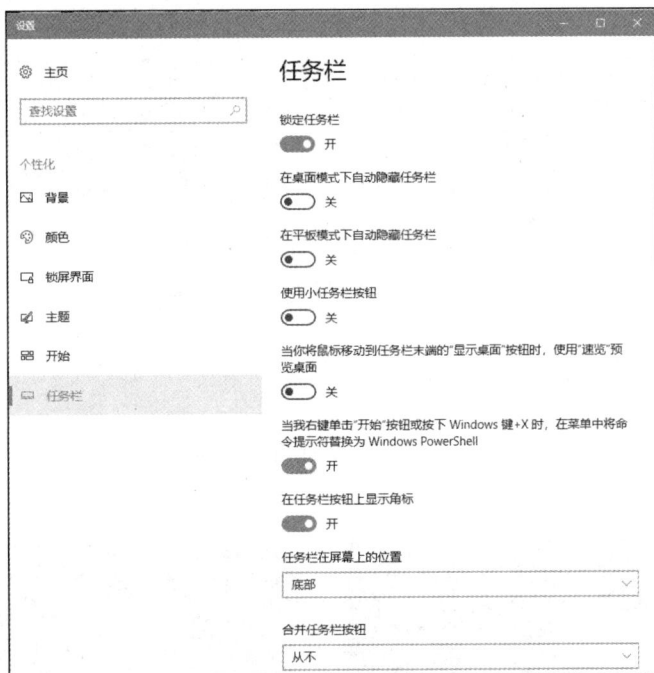

图2-6 【设置】窗口

4. 启动文件资源管理器

方法一：在【开始】菜单中选择【Windows 系统】|【文件资源管理器】命令。

方法二：用鼠标右键单击【开始】按钮，在弹出的快捷菜单中选择【文件资源管理器】命令。

方法三：用鼠标右键单击桌面上的【此电脑】或【我的文档】等图标，在弹出的快捷菜单中选择【打开】命令。

【文件资源管理器】窗口如图 2-7 所示，包括标题栏、菜单栏、工具栏（或功能区）、状态栏、工作区等组成部分。

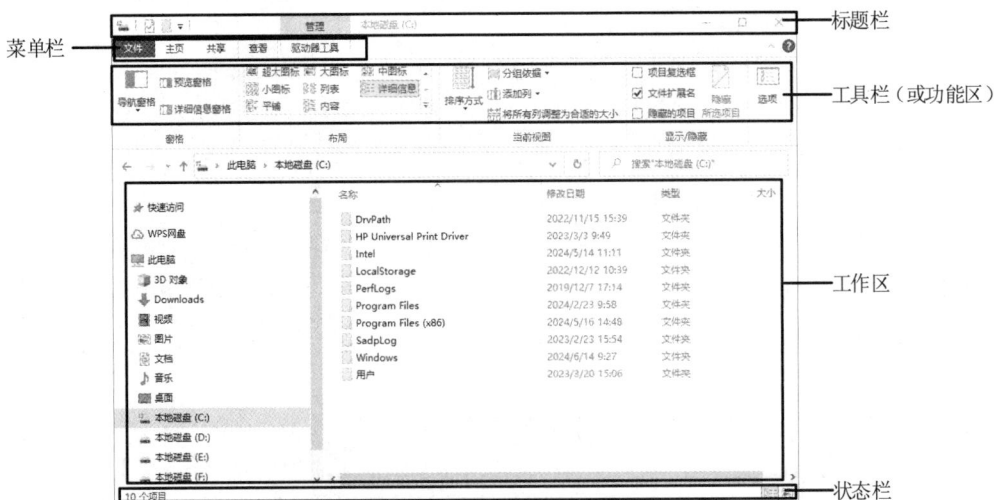

图2-7 【文件资源管理器】窗口

5. 在【文件资源管理器】窗口中设置项目的打开方式和文件夹的查看属性

（1）设置项目的打开方式：当鼠标指针指向图标标题时在标题下加下画线，以及通过单击打开项目。

① 在【文件源管理器】窗口中单击菜单栏【查看】|【选项】，打开【文件夹选项】对话框，如图 2-8 所示。

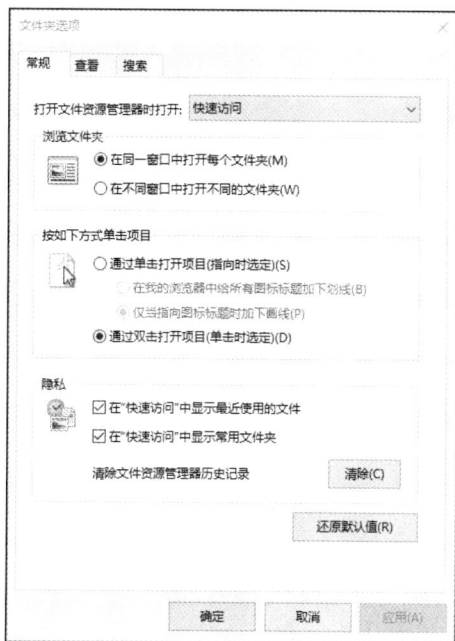

图 2-8 【文件夹选项】对话框

② 在【常规】选项卡的【按如下方式单击项目】中选择【通过单击打开项目】单选按钮和【仅当指向图标标题时加下画线】单选按钮。

③ 单击【确定】（或【应用】）按钮完成设置。

（2）设置文件夹的查看属性：设置不显示已知文件类型的文件扩展名，以及在窗口的标题栏中显示文件夹路径。

① 单击【文件夹选项】对话框中的【查看】选项卡，如图 2-9 所示。在【高级设置】列表框中选中【隐藏已知文件类型的扩展名】复选框和【在标题栏显示完整路径】复选框。

② 单击【确定】（或【应用】）按钮完成设置。

6. 选择文件和文件夹的显示方式

（1）以超大图标的方式显示文件和文件夹。

方法一：在【文件资源管理器】窗口中单击【查看】选项卡，然后单击【布局】组中的【超大图标】按钮，如图 2-10 所示。

方法二：在【文件资源管理器】窗口的空白处单击鼠标右键，在弹出的快捷菜单中选择【查看】|【超大图标】命令。

（2）显示文件和文件夹的名称、大小、类型及修改时间等信息。

方法一：在【文件资源管理器】窗口中单击【查看】选项卡，然后单击【布局】组中的【详细信息】按钮。

方法二：在【文件资源管理器】窗口的空白处单击鼠标右键，在弹出的快捷菜单中选择【查看】|【详细信息】命令。

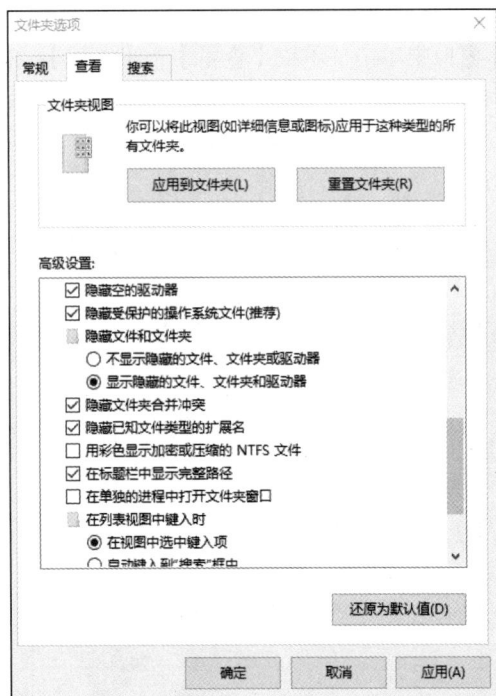

图 2-9 【查看】选项卡

图 2-10 以超大图标的方式显示

7. 在【文件资源管理器】窗口中选择文件或文件夹

（1）在【文件资源管理器】窗口中选择连续的多个文件或文件夹。

方法一：用鼠标选择文件或文件夹。

① 单击要选择的第一个文件或文件夹。

② 按住 Shift 键的同时单击要选择的最后一个文件或文件夹，则以所选第一个文件或文件夹和最后一个文件或文件夹为对角线的矩形区域内的文件或文件夹全部被选中。

方法二：用键盘选择文件或文件夹。

① 打开【文件资源管理器】窗口，使用 Tab 键选中【文件资源管理器】窗口的右窗格工作区。

② 使用→、←、↑、↓方向键将亮条移到要选择的第一个文件或文件夹处。

③ 按住 Shift 键，再用方向键将亮条移到要选择的最后一个文件或文件夹处，释放 Shift 键。

（2）在【文件资源管理器】窗口中选择不连续的多个文件或文件夹。

① 单击要选择的文件或文件夹。

② 按住 Ctrl 键，再单击要选择的其他文件或文件夹。

8. 创建文件夹

（1）在 D 盘的根目录下创建名为 DISKC 的文件夹。

打开【文件资源管理器】窗口，单击左窗格中的 D 盘图标，在右窗格中单击鼠标右键，在弹出的快捷菜单中选择【新建】|【文件夹】命令。窗口中增加了一个名为"新建文件夹"的新文件夹，且其名称的背景颜色为蓝色，修改文件夹名为 DISKC，按 Enter 键确定，完成新文件夹的创建。

（2）在 DISKC 目录下创建名为 STUDE 和 USER 的文件夹，在 USER 文件夹中创建名为 KEJIAN 的文件夹。

在【文件资源管理器】窗口中单击左窗格中的 DISKC 图标，使用相同的方法创建 STUDE 和 USER 文件夹。再双击 USER，打开 USER 文件夹，在其中创建 KEJIAN 文件夹。

9. 创建文件

注意：在进行下面的操作前请先在【文件夹选项】对话框中设置显示已知文件类型的文件扩展名。

（1）在 DISKC 文件夹中创建名为 SAR.bat 的文件。

① 在【文件资源管理器】窗口中打开 D 盘的 DISKC 文件夹。

② 在窗口的空白位置单击鼠标右键，在弹出的快捷菜单中选择【新建】|【文本文档】命令。窗口中增加一个名为"新建文本文档.txt"的新文件，修改文件名为 SAR.bat，完成新文件的创建。

（2）在 USER 文件夹中创建一个文本文件，文件名为 KK1.txt，文件内容为"大学计算机基础"；在 STUDE 文件夹中创建名为 MY.txt 的文本文件，文件内容为"我的文本文件"。

① 在【文件资源管理器】窗口中打开 D 盘的 DISKC\USER 文件夹。

② 在窗口的空白位置单击鼠标右键，在弹出的快捷菜单中选择【新建】|【文本文档】命令，设置新文件名为 KK1.txt。

③ 双击 KK1.txt 文件，打开编辑窗口，输入文字"大学计算机基础"，单击【关闭】按钮，在弹出的对话框中单击【是】按钮。

④ 使用相同的方法在 STUDE 文件夹中创建名为 MY.txt 的文本文件，输入文件内容"我的文本文件"。

10. 设置文件或文件夹的属性

将 USER 文件夹中的文件 KK1.txt 设置为隐藏。

打开 USER 文件夹，用鼠标右键单击文件 KK1.txt 的图标，在弹出的快捷菜单中选择【属性】命令，打开【属性】对话框。选中【常规】选项卡中的【隐藏】复选框，单击【确定】按钮完成设置。

11. 复制、移动文件或文件夹

（1）将 USER 文件夹中的 KK1.txt 文件复制到 STUDE 文件夹中，将 DISKC 文件夹中的 SAR.bat 文件复制到 STUDE 文件夹中。

① 打开 D 盘的 DISKC\USER 文件夹，用鼠标右键单击文件 KK1.txt 的图标，在弹出的快捷菜单中选择【复制】命令。

② 打开 D 盘的 DISKC\STUDE 文件夹，在窗口空白处单击鼠标右键，在弹出的快捷菜单中选择【粘贴】命令。

③ 打开 DISKC 文件夹，选中 SAR.bat 文件，按 Ctrl+C 组合键进行复制。

④ 打开 STUDE 文件夹，按 Ctrl+V 组合键进行粘贴。

（2）将 STUDE 文件夹移动到 USER 文件夹中。

① 在【文件资源管理器】窗口中单击左窗格中的 DISKC 文件夹图标，在右窗格中选择 STUDE 文件夹。

② 按住 Shift 键的同时将 STUDE 文件夹拖曳到 USER 文件夹中。

12. 文件或文件夹的重命名

（1）将文件夹 DISKC 中的文件 SAR.bat 重命名为 START.bat。

① 在【文件资源管理器】窗口中单击左窗格中的 DISKC 文件夹图标，在右窗格中选择 SAR.bat 文件。

② 单击 SAR.bat 文件名，这时文件名的背景颜色变为蓝色，输入文件名 "START.bat" 后，按 Enter 键或单击窗口中的其他位置确定。

（2）将 STUDE 文件夹重命名为 MYDIR。

在【文件资源管理器】窗口中单击左窗格中的 USER 文件夹图标，在右窗格中 STUDE 文件夹图标上单击鼠标右键，在弹出的快捷菜单中选择【重命名】命令，输入文件夹名 "MYDIR" 后按 Enter 键或单击窗口中的其他位置确定。

13. 删除文件或文件夹

（1）删除 MYDIR 文件夹中的 MY.txt 文件。

① 打开 MYDIR 文件夹，选中 MY.txt 文件。

② 单击【组织】组中的【删除】按钮，或按 Delete 键。

③ 在弹出的【确认文件删除】对话框中单击【是】按钮。

（2）删除 KEJIAN 文件夹。

① 在 KEJIAN 文件夹图标上单击鼠标右键，在弹出的快捷菜单中选择【删除】命令。

② 在弹出的【确认文件删除】对话框中单击【是】按钮。

14. 文件的压缩和解压缩

（1）将文件夹 DISKC 压缩为 DISKC.rar 文件。

在 DISKC 文件夹上单击鼠标右键，在弹出的快捷菜单中选择【添加到 "DISKC.rar"】命令。

（2）将压缩文件 DISKC.rar 解压为文件夹 DISKC2 并将其保存在 C 盘中。

① 打开 DISKC 文件夹，双击 DISKC.rar 文件，打开【WinRAR】窗口。

② 在【WinRAR】窗口中单击【解压缩到】按钮，在弹出的【解压缩路径和选项】对话框的【目标路径】文本框中输入"D:\ DISKC2"，单击【确定】按钮。

15. 创建快捷方式

创建"画图"程序的快捷方式并将其发送至桌面上。创建 USER 文件夹中 KK1.txt 文件的快捷方式并将其发送至桌面上。

① 在桌面的空白位置单击鼠标右键，在弹出的快捷菜单中选择【新建】|【快捷方式】命令，打开【创建快捷方式】对话框。在该对话框中单击【浏览】按钮，选择"画图"程序，文本框中显示"画图"程序的路径"C:\WINDOWS\system32\mspaint.exe"。单击【下一页】按钮，输入快捷方式名称"画图"，单击【完成】按钮。

② 打开 USER 文件夹，在 KK1.txt 图标上单击鼠标右键，在弹出的快捷菜单中选择【发送到】|【桌面快捷方式】命令。

16. 使用搜索功能

（1）在 C 盘中搜索计算器文件 calc.exe，并将其复制到 DISKC 文件夹中。

① 在【文件资源管理器】窗口右侧的分搜索框中输入"calc.exe"，如图 2-11 所示。

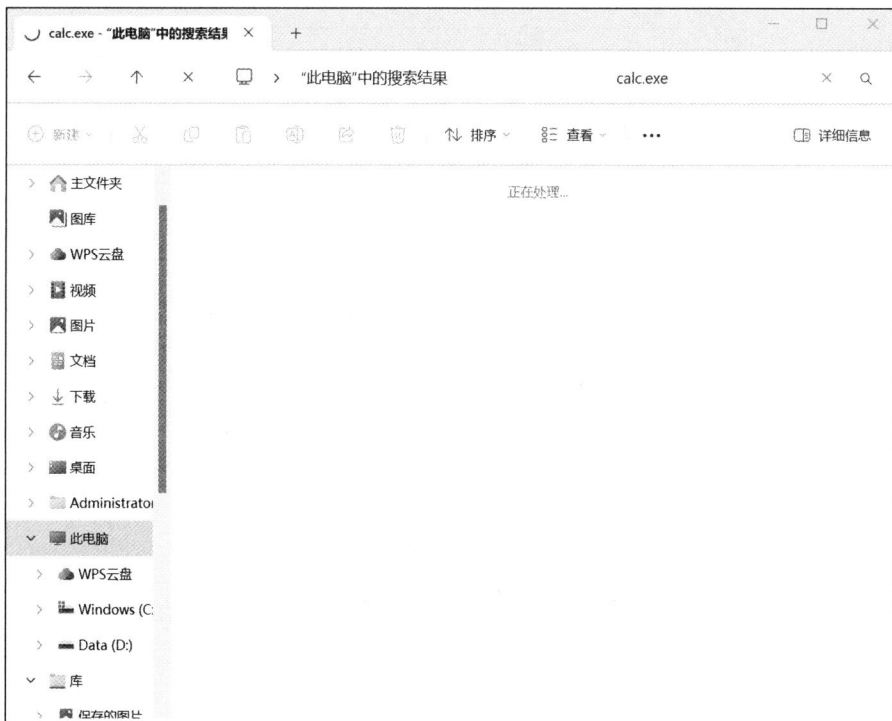

图 2-11　输入搜索关键词

② 搜索结果如图 2-12 所示，选择对应的文件，将其复制到 DISKC 文件夹中。

（2）在 D 盘中搜索扩展名为.txt 的所有文件。

在【文件资源管理器】窗口中单击左窗格中的 D 盘图标，在右侧的搜索框中输入"*.txt"。

17. 使用回收站

（1）删除回收站中的 MY.txt 文件。

双击桌面上的【回收站】图标，打开【回收站】窗口。

图 2-12　搜索结果

用鼠标右键单击 MY.txt 文件，在弹出的快捷菜单中选择【删除】命令，如图 2-13 所示。

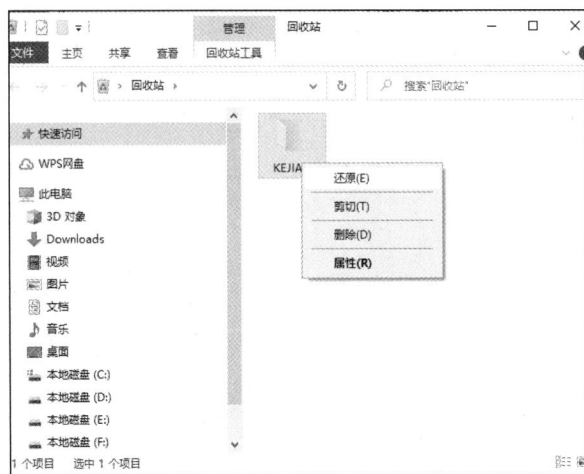

图 2-13　选择【删除】命令

（2）还原回收站中的 KEJIAN 文件夹。

在【回收站】窗口中单击 KEJIAN 文件夹，单击鼠标右键，在弹出的快捷菜单中选择【还原】命令或单击上方的【还原选定的项目】按钮，KEJIAN 文件夹将被还原到被删除之前所在的位置。

（3）清空回收站。

在【回收站】窗口空白处单击鼠标右键，在弹出的快捷菜单中选择【清空回收站】命令，或单击上方的【清空回收站】按钮，【回收站】窗口中的所有对象均被删除。

四、巩固练习

创建图 2-14 所示的文件夹，具体要求如下。

（1）在 C 盘中创建名为 Exam 的文件夹，再在该文件夹（Exam）中创建以自己学号命令的子文件夹。

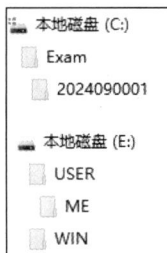

图 2-14　文件夹结构

（2）在 E 盘中创建 USER 文件夹，再在该文件夹（USER）中创建 ME 子文件夹。

（3）在 E 盘中创建 WIN 文件夹，将 C 盘某文件夹中的部分文件复制到 WIN 文件夹中。

（4）在 C:\Windows 文件夹中任选 4 个类型为文本文件的文件（即扩展名为.txt 的文件），将它们分别复制到 C:\Exam 和 E:\USER 文件夹中（要求用鼠标拖动完成，注意同盘符和不同盘符复制时 Ctrl 键的作用）。

（5）查找 C 盘中扩展名为.txt 的所有文件。

（6）利用"记事本"程序创建 Readme.txt 文件，将其存储到 WIN 文件夹中；再从 WIN 文件夹中将 Readme.txt 文件移到 ME 子文件夹中。

（7）查看 E 盘 WIN 文件夹的属性，并将其属性修改为"隐藏"，然后尝试删除该文件夹。

（8）查看 E 盘 WIN 文件夹的属性，并将其属性修改为"只读"，然后分别选择"工具"|"文件夹选项"|"查看"|"显示所有文件和文件夹"和"工具"|"文件夹选项"|"查看"|"不显示隐藏文件和文件夹"，观察结果。

（9）打开【回收站】窗口，将其中的部分文件恢复。

（10）清空回收站。

实验三　Windows 10 环境设置与应用程序

一、实验目的

（1）熟悉【开始】菜单及任务栏的操作。
（2）掌握 Windows 10 附带的实用程序的使用方法。
（3）熟悉 Windows 10 控制面板的主要功能。
（4）掌握在控制面板中进行系统设置的基本方法。
（5）掌握个性化工作环境的设置方法。
（6）熟悉磁盘管理程序的使用方法。

二、预备知识

1. Windows 10 附带的程序

Windows 10 附带了很多实用的程序，有 Windows Media Player、步骤记录器、记事本、画图、计算器、截图工具等。

2. 控制面板

控制面板是用来对系统进行设置的工具集，这些工具几乎涵盖了 Windows 系统的方方面面。用户可以根据自己的喜好设置显示、键盘、鼠标、桌面等，还可以添加或删除程序、添加硬件等。

启动控制面板的方法有以下两种。

方法一：在【开始】菜单中选择【Windows 系统】|【控制面板】命令。

方法二：单击桌面上的【控制面板】图标。

3. 控制面板查看方式

控制面板查看方式有 3 种：类别、大图标和小图标。

（1）类别：把相关的控制面板项目和常用的任务组合在一起，以组的形式呈现给用户，如图 3-1 所示。

图 3-1　控制面板类别查看方式

（2）大图标：在查看方式下拉菜单中选大图标显示，如图 3-2 所示。

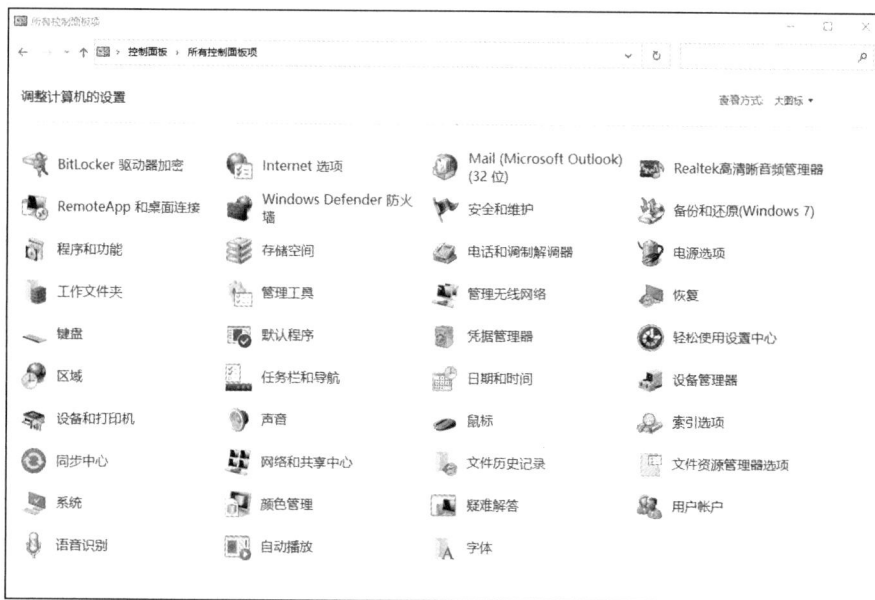

图 3-2　控制面板大图标查看方式

（3）小图标：单击【切换到小图标视图】按钮，切换到的小图标视图如图 3-3 所示。

图 3-3　控制面板小图标查看方式

三、实验内容与实验过程

1. 排列桌面图标

按修改日期排列桌面图标。

在桌面空白处单击鼠标右键，在弹出的快捷菜单中选择【排序方式】|【修改日期】命令。

2. 设置任务栏

（1）设置任务栏属性：在任务栏中显示小图标。

在任务栏空白处单击鼠标右键，在弹出的快捷菜单中选择【任务栏设置】命令，打开图 3-4 所示的【设置】窗口，打开【使用小任务栏按钮】选项。

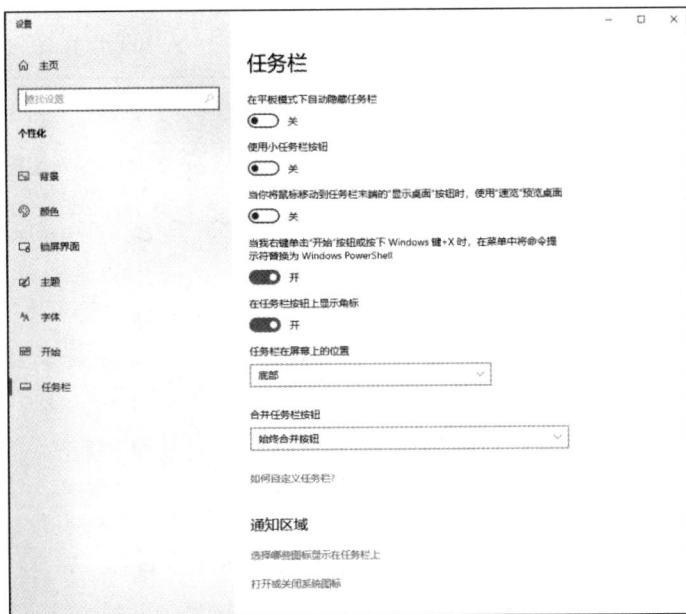

图 3-4 【设置】窗口

（2）调整任务栏大小：将任务栏设置为原来的两倍高。

在任务栏空白处单击鼠标右键，在弹出的快捷菜单中取消选中【锁定任务栏】命令，再将鼠标指针指向任务栏边框，此时鼠标指针变为双向箭头←→，按住鼠标左键并拖动鼠标即可调整任务栏大小。

（3）改变任务栏位置：将任务栏置于桌面的顶部。

在任务栏空白处单击鼠标右键，在弹出的快捷菜单中选择【任务栏设置】命令，打开【设置】窗口，在其中的【任务栏在屏幕上的位置】下拉列表中选择"顶部"命令。

3. 实用程序"画图"的应用

（1）启动"画图"程序。

在【开始】菜单中选择【Windows 附件】|【画图】命令，打开【画图】窗口，如图 3-5 所示。

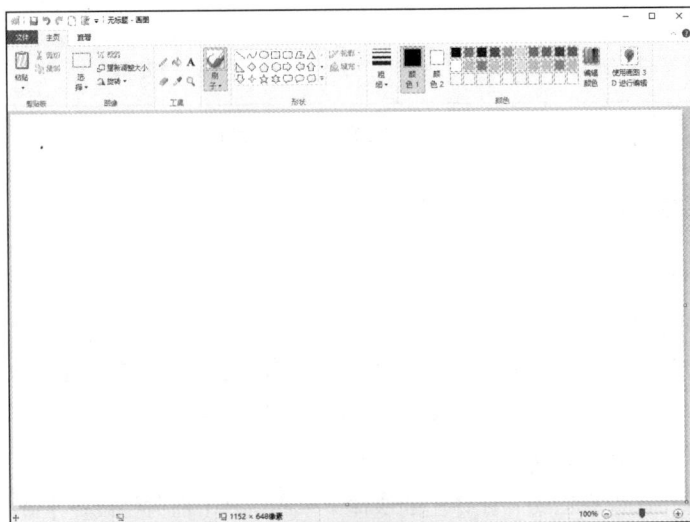

图 3-5 【画图】窗口

（2）用"画图"程序裁剪矩形图片。

① 在【主页】选项卡中单击【选择】下拉按钮，选择【矩形选择】。

② 在绘图区绘制需裁剪的矩形图片区域。

③ 单击【主页】选项卡中的【裁剪】按钮。

4. 窗口切换

（1）打开【此电脑】和【画图】窗口，并对【画图】窗口的大小进行调整。

① 双击桌面上的【此电脑】图标，打开【此电脑】窗口。

② 启动"画图"程序，这时桌面上出现两个窗口。

③ 将鼠标指针移动到【画图】窗口的左（右）边框，当鼠标指针变为水平双向箭头形状时，按住鼠标左键拖动鼠标可改变窗口宽度（若窗口为最大化状态，需先单击窗口右上方的【向下还原】按钮）。

（2）将【此电脑】窗口变为当前活动窗口。

方法一：在任务栏中单击【此电脑】图标。

方法二：单击【此电脑】窗口的任意位置。

方法三：按 Alt+Tab 组合键。

（3）将两个窗口层叠。

在任务栏的空白位置单击鼠标右键，在弹出的快捷菜单中选择【层叠窗口】命令。

5. 实用程序"记事本"的应用

（1）启动"记事本"程序。

在【开始】菜单中选择【Windows 附件】|【记事本】命令，即可启动"记事本"程序。【记事本】窗口如图 3-6 所示。

图 3-6　【记事本】窗口

（2）"记事本"程序的应用：在【记事本】窗口中输入文字"大学计算机基础"并将文档以"第一个文本文件.txt"为名保存到 D 盘。

① 在【记事本】窗口中输入"大学计算机基础"。

② 在【文件】菜单中选择【保存】或【另存为】命令，打开【另存为】对话框。在【另存为】对话框中选择 D 盘，在【文件名】下拉列表框中直接输入文件名"第一个文本文件"，【保存类型】

选择"文本文档（*.txt）"，然后单击【保存】按钮。

6. "计算器"程序的使用

（1）启动"计算器"程序。

在【开始】菜单中选择【计算器】命令，即可启动"计算器"程序。【计算器】窗口如图 3-7 所示。

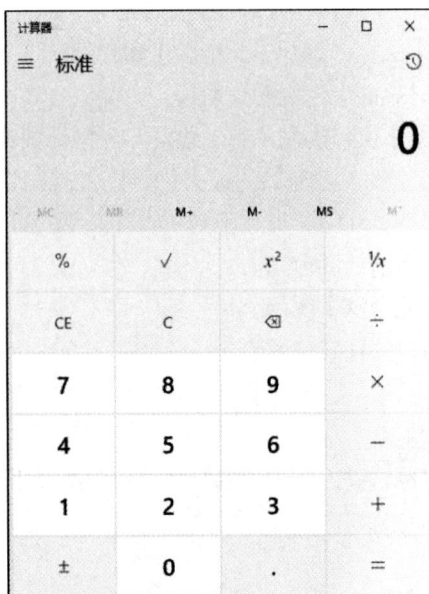

图 3-7 【计算器】窗口

（2）"计算器"程序的应用：将十进制数 100 转换成十六进制数。

① 单击"导航"图标按钮 ≡ 。

② 在弹出的菜单中选择【程序员】命令，如图 3-8 所示。

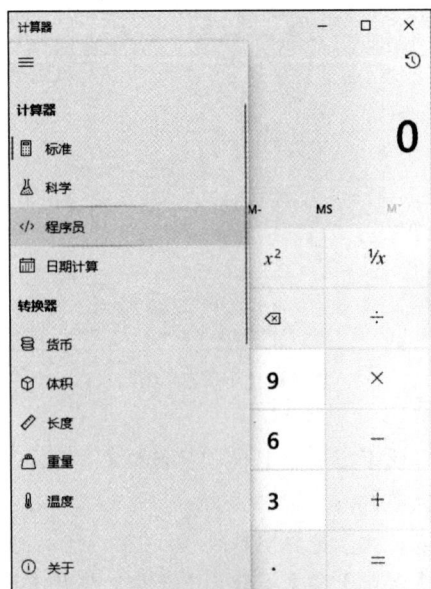

图 3-8 【导航】菜单

③ 选择【DEC】，输入数字"100"，转换结果如图 3-9 所示。【HEX】中显示"64"，即十进制数 100 等于十六进制数 64。

其他进制之间的转换方法类似。

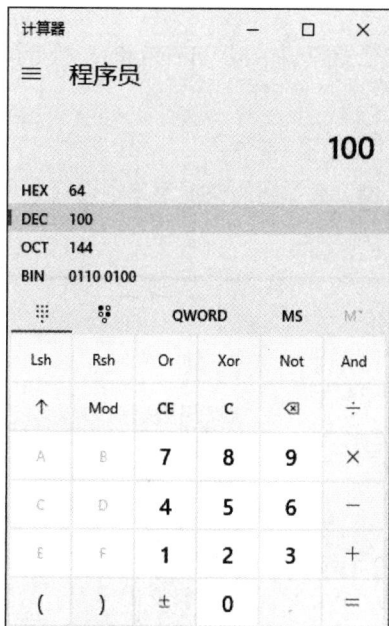

图 3-9　转换结果

7. 截图

（1）使用键盘功能键截取当前屏幕图像。

① 按 Print Screen 键，打开【画图】窗口。

② 按 Ctrl+V 组合键进行粘贴，在绘图区中显示屏幕图像。

③ 按 Ctrl+S 组合键打开【另存为】对话框，在其中选择文件保存的位置，输入文件名，然后单击【确定】按钮保存图像文件。

（2）"截图工具"的使用：截取矩形图并保存。

方法一：

在【开始】菜单中选择【Windows 附件】|【截图工具】命令，打开图 3-10 所示的【截图工具】窗口。

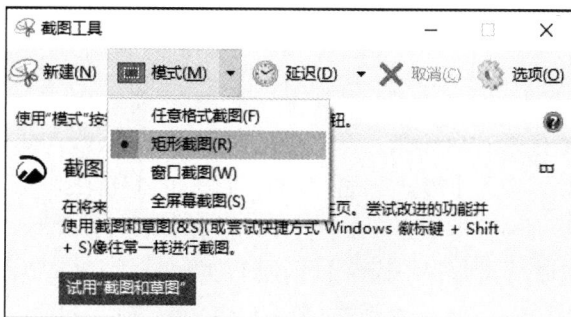

图 3-10　【截图工具】窗口

① 在【模式】下拉菜单中选择【矩形截图】命令，按住鼠标左键并拖动鼠标，选择要截取的屏幕区域，释放鼠标左键后，所截取的图像会出现在【截图工具】窗口中。

② 按 Ctrl+S 组合键打开【另存为】对话框，在其中选择文件保存的位置，输入文件名，然后单击【确定】按钮保存图像文件。

方法二：在 Windows 10 下的任意窗口中按 Win+Shift+S 组合键。

8. 个性化工作环境的设置

（1）设置背景图片。

① 在桌面空白处单击鼠标右键，在弹出的快捷菜单中选择【个性化】命令，打开图 3-11 所示的窗口。

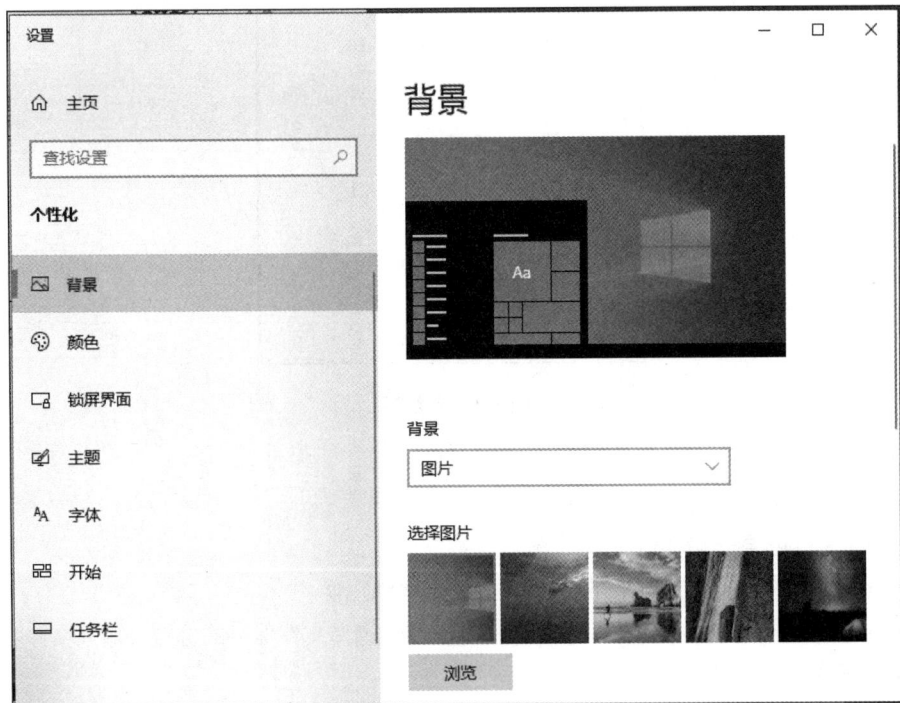

图 3-11 【设置】窗口

② 在【选择图片】中选择合适的图片。

（2）将桌面背景图片拉伸放置。

① 打开【设置】窗口，进入【背景】界面。

② 在【选择图片】中选择合适的图片，在【选择契合度】下拉列表中选择【拉伸】，如图 3-12 所示。

（3）将屏幕保护程序设为"3D 文字"，文字内容为"欢迎使用 Windows 10"，设置等待时间为 1 分钟，显示分辨率为 1280 像素×768 像素。

① 打开【设置】窗口，进入【锁屏界面】界面，如图 3-13 所示。

② 在【锁屏界面】界面中单击【屏幕保护程序设置】，弹出【屏幕保护程序设置】对话框。

③ 在弹出的对话框中的【屏幕保护程序】下拉列表中选择【3D 文字】选项，如图 3-14 所示。单击【设置】按钮，弹出图 3-15 所示的对话框，在【自定义文字】文本框中输入"欢迎使用 Windows 10"，单击【确定】按钮。

图 3-12 【选择契合度】下拉列表

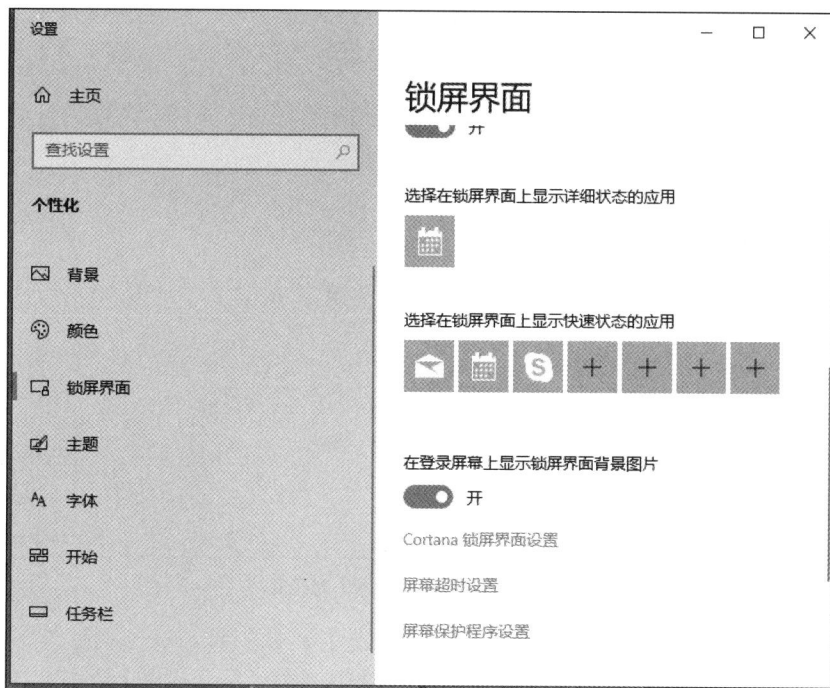

图 3-13 【锁屏界面】界面

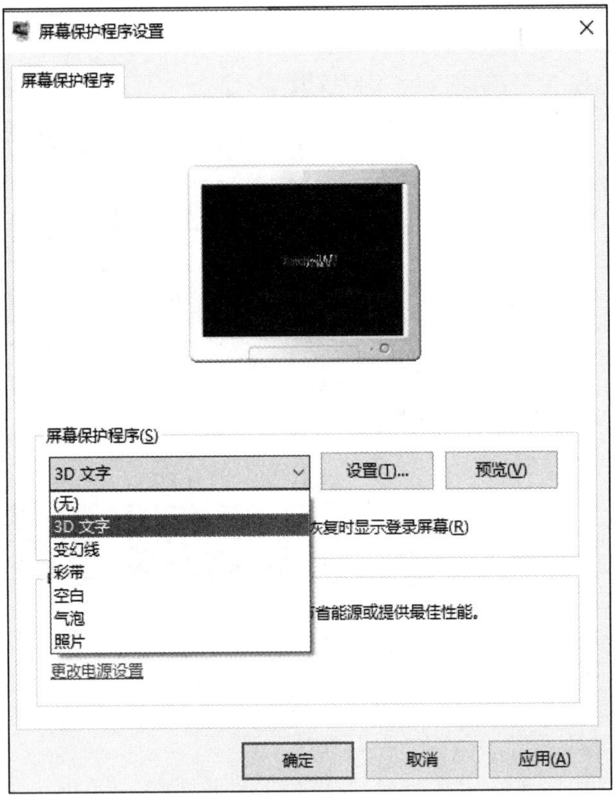

图 3-14 【屏幕保护程序】下拉列表

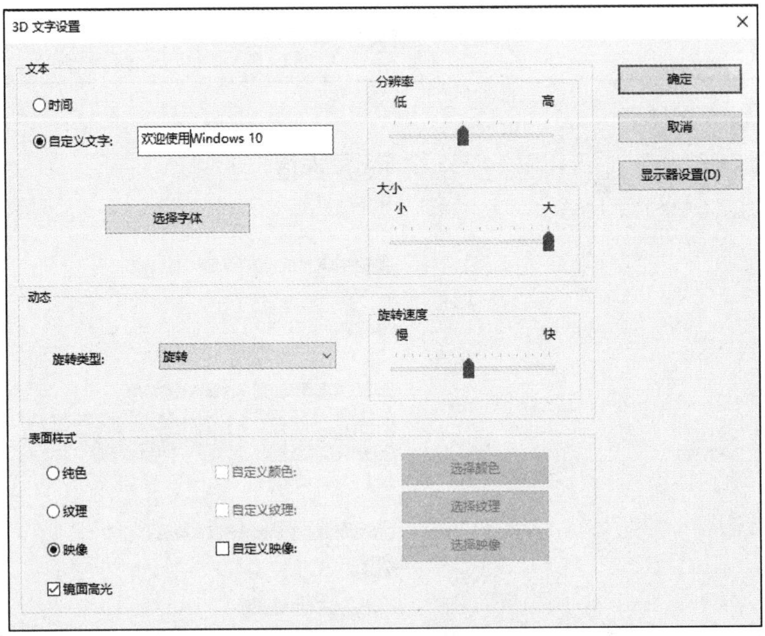

图 3-15 【3D 文字设置】对话框

④ 返回【屏幕保护程序设置】对话框，设置【等待】为 1 分钟。

⑤ 在桌面空白处单击鼠标右键，在弹出的快捷菜单中选择【显示设置】命令，进入【屏幕】界面，在其中设置【显示器分辨率】为 1920 像素×1080 像素，如图 3-16 所示。

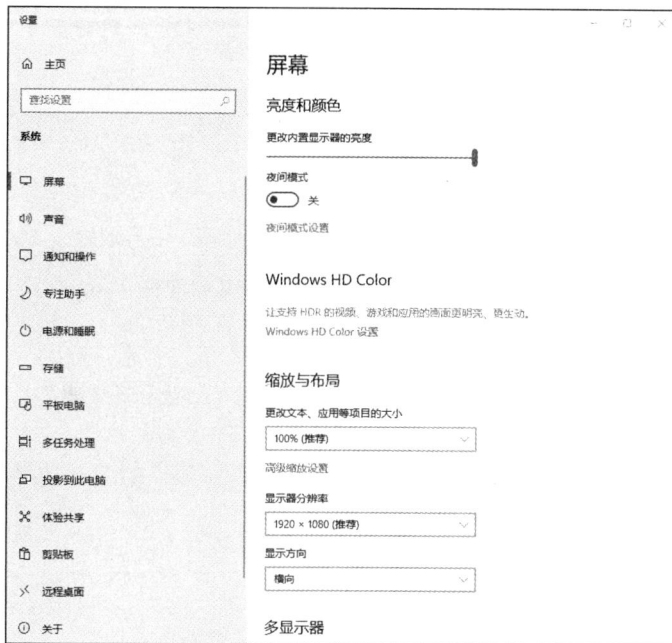

图 3-16　设置【显示器分辨率】

9.　输入法设置

（1）在输入法中添加微软五笔输入法。

① 在【控制面板】窗口中单击【时钟和区域】|【区域】，打开【区域】对话框，如图 3-17 所示。在该对话框中单击【语言首选项】，打开图 3-18 所示的【设置】窗口。也可以在任务栏中的输入法图标处单击鼠标右键，在弹出的快捷菜单中选择【语言首选项】命令，打开图 3-18 所示的窗口。

图 3-17　【区域】对话框

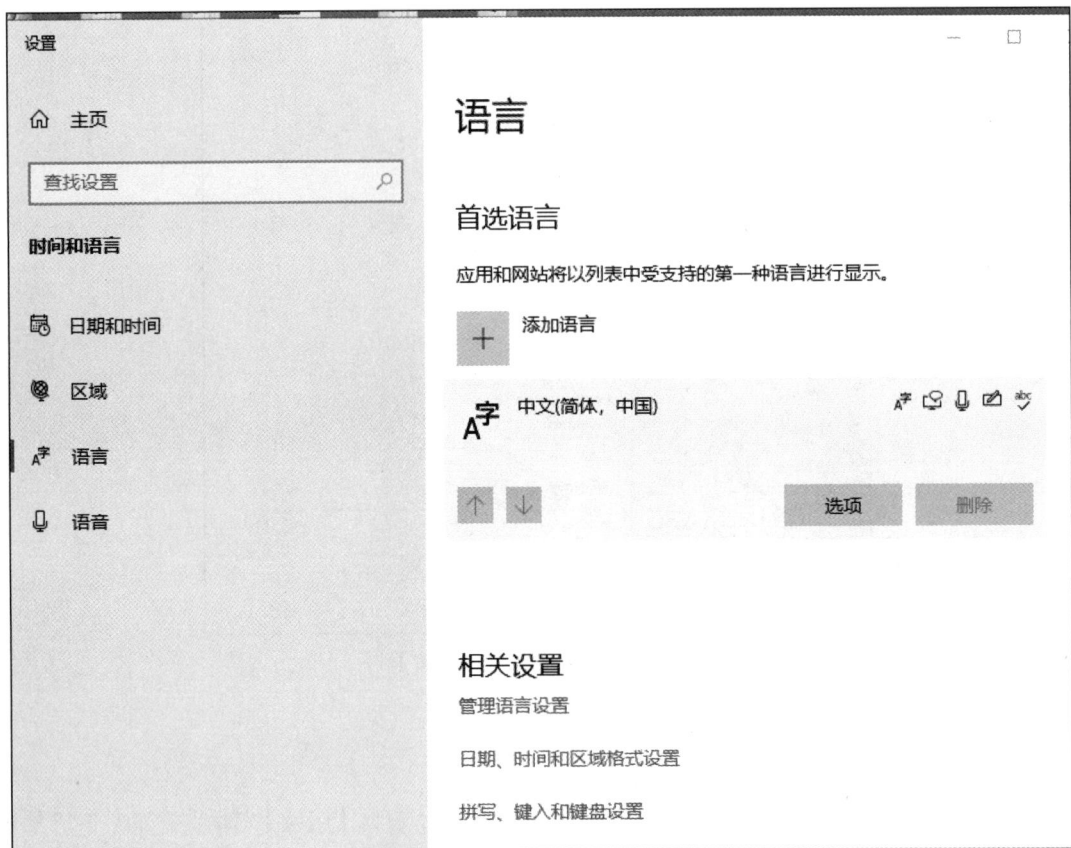

图 3-18 【设置】窗口

② 单击已安装的语言，再单击其中的【选项】按钮，进入图 3-19 所示的界面。在【键盘】中单击【添加键盘】按钮，在弹出的列表中选择【微软五笔】，如图 3-20 所示。

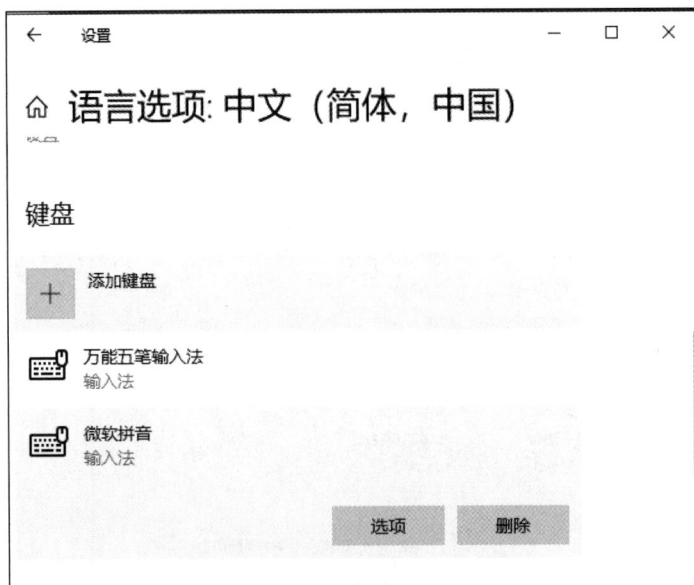

图 3-19 【语言选项】界面

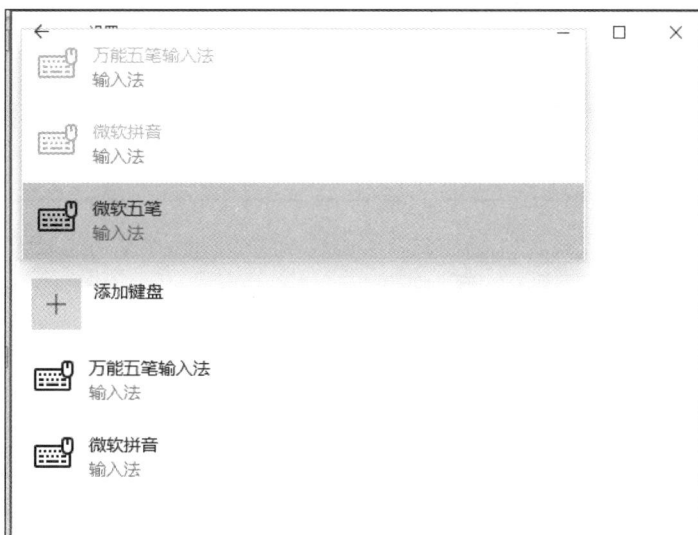

图 3-20 选择【微软五笔】

（2）删除微软五笔输入法。

在【语言选项】界面的【键盘】中单击要删除的输入法，再单击【删除】按钮。

（3）将"中文（简体）输入法"的热键设置为 Ctrl+空格。

① 在【设置】窗口【语言】界面的【相关设置】中单击【拼写、键入和键盘设置】，进入【输入】界面，单击【高级键盘设置】，在打开的界面中单击【语言栏选项】，弹出【文本服务和输入语言】对话框，如图 3-21 所示。

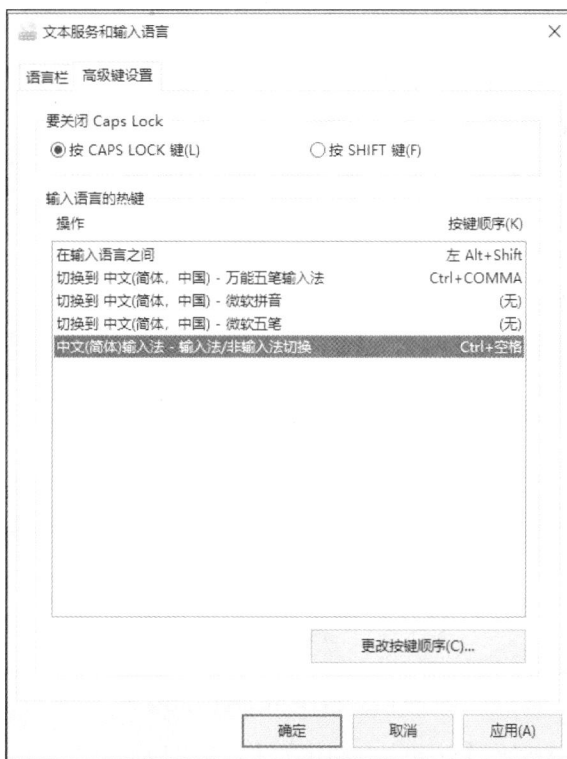

图 3-21 【文本服务和输入语言】对话框

② 在对话框中单击【高级键设置】选项卡，选择"中文（简体）输入法"，然后单击【更改按键顺序】按钮。

③ 在弹出的【更改按键顺序】对话框中选中【启用按键顺序】复选框，在下拉列表中选择【Ctrl】和【空格】选项，如图 3-22 所示。

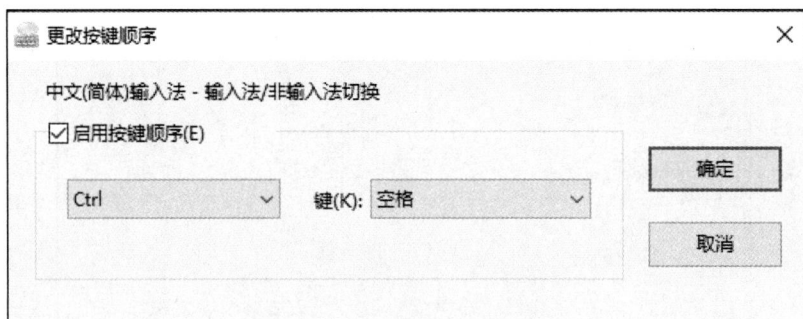

图 3-22 【更改按键顺序】对话框

10. 日期和时间的修改

方法一：

（1）在【控制面板】窗口中单击【时钟和区域】|【日期和时间】，打开图 3-23 所示的对话框。

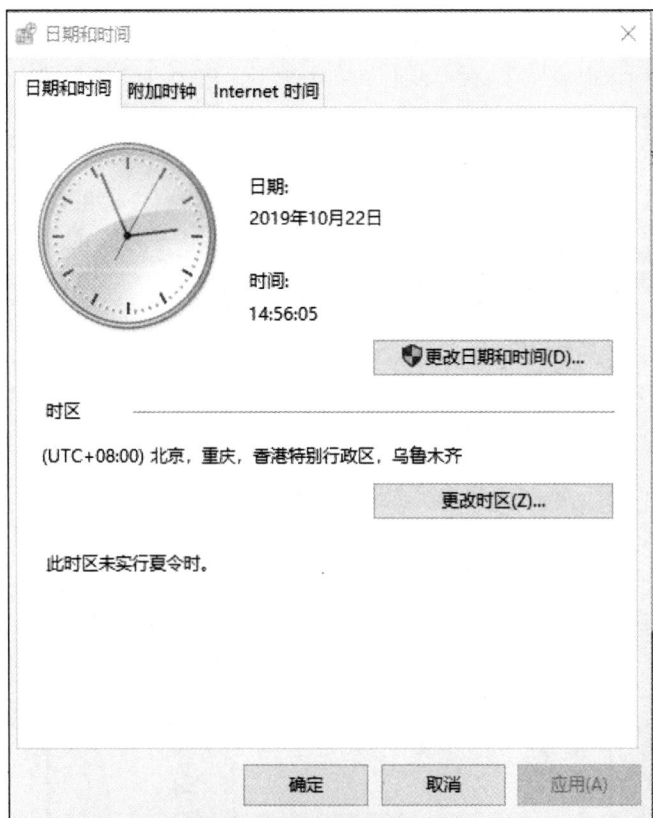

图 3-23 【日期和时间】对话框

（2）单击【更改日期和时间】按钮，在弹出的【日期和时间设置】对话框的【日期】选框中修改年份和月份，在【时间】选框中修改时间，如图 3-24 所示。

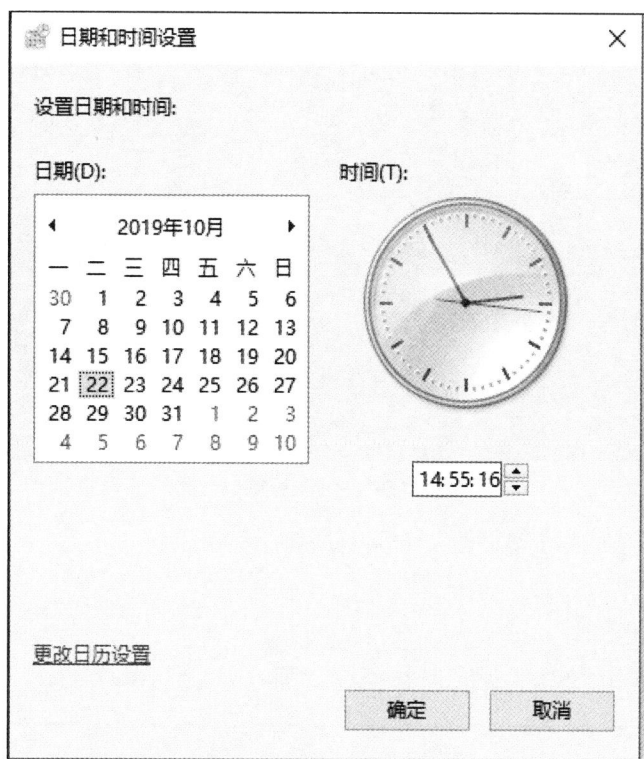

图 3-24　【日期和时间设置】对话框

（3）单击【确定】按钮。

方法二：

（1）在任务栏中的时间上单击鼠标右键，在弹出的快捷菜单中选择【调整日期/时间】命令，进入【日期和时间】界面，如图 3-25 所示。

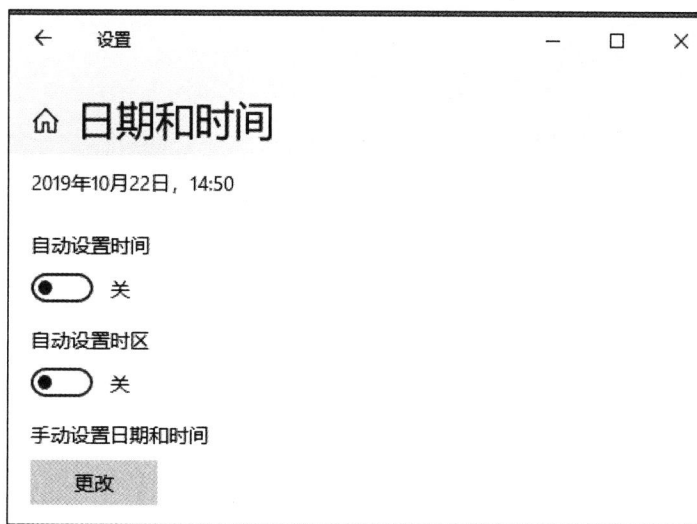

图 3-25　【日期和时间】界面

（2）关闭【自动设置时间】选项，单击【手动设置日期和时间】下的【更改】按钮，打开图 3-26 所示的对话框。

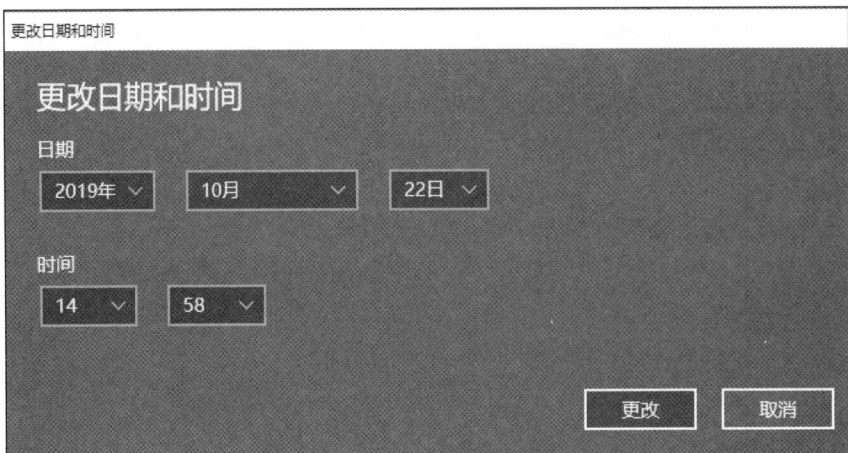

图 3-26 【更该日期和时间】对话框

（3）在【更改日期和时间】对话框中修改日期和时间。

（4）单击【更改】按钮。

11. 卸载程序/关闭功能。

在【控制面板】窗口中单击【程序】|【程序和功能】，打开图 3-27 所示的【程序和功能】窗口。

图 3-27 【程序和功能】窗口

（1）卸载程序。选中要卸载的程序单击鼠标右键，在弹出的快捷菜单中选择【卸载】命令。

（2）单击【启用或关闭 Windows 功能】超链接，打开图 3-28 所示的【Windows 功能】窗口，在其中可通过选中或取消选中某一复选框来打开或关闭相应的 Windows 功能。

12. 鼠标的设置

在【控制面板】窗口中单击【硬件和声音】|【鼠标】，打开图 3-29 所示的【鼠标 属性】对话框。在【鼠标键】选项卡中，可以将右键设置为主要的按钮、调整双击的速度等；在【指针】选项卡中，

可以改变鼠标指针的形状；在【指针选项】选项卡中，可以调整鼠标指针的移动速度、设置是否显示鼠标指针轨迹等。

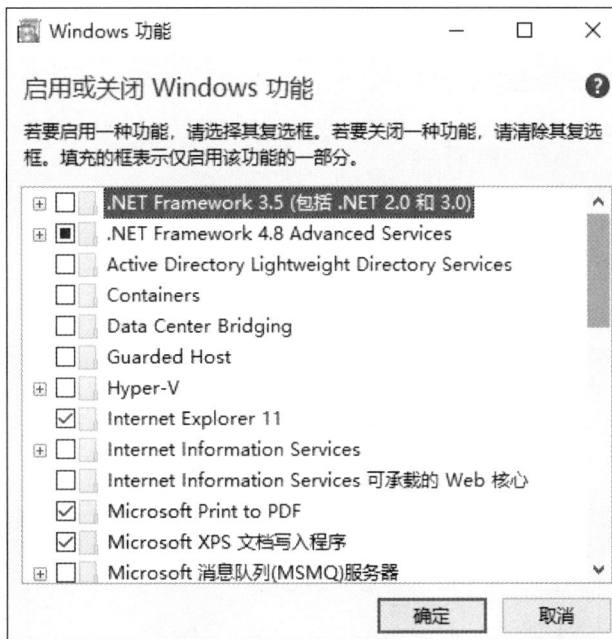

图 3-28　【Windows 功能】窗口

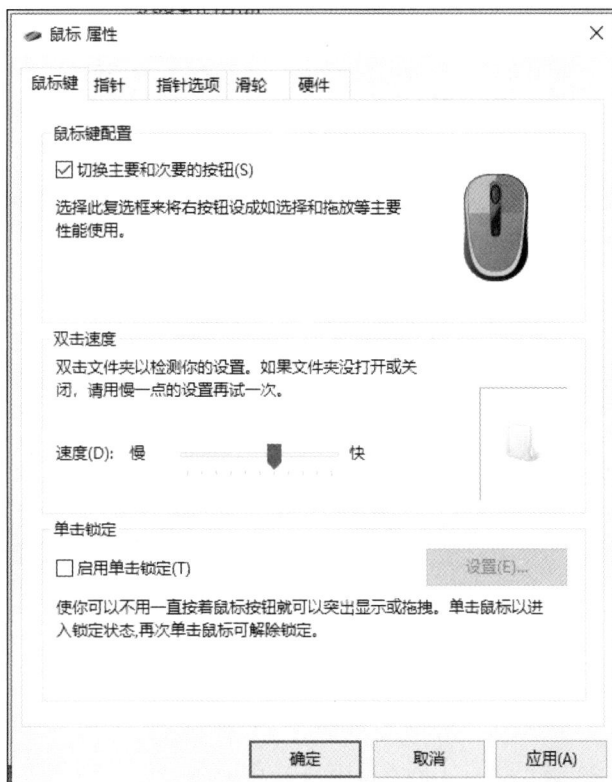

图 3-29　【鼠标 属性】对话框

13. 磁盘清理

（1）单击【开始】按钮，在弹出的【开始】菜单中选择【Windows 管理工具】|【磁盘清理】命令，打开图 3-30 所示的对话框。

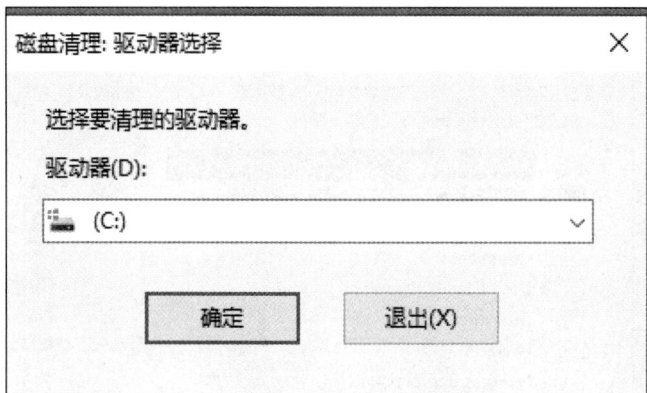

图 3-30 【磁盘清理：驱动器选择】对话框

（2）选择要清理的磁盘，单击【确定】按钮，打开图 3-31 所示的【磁盘清理】对话框。

图 3-31 【磁盘清理】对话框

（3）该对话框的【要删除的文件】列表框中列出了可删除的文件类型及其所占用的磁盘空间大小，选中某文件类型的复选框，在进行清理时即可将其删除。

（4）单击【确定】按钮，打开图 3-32 所示的【磁盘清理】确认删除对话框，单击【删除文件】按钮。清理完毕后，该对话框将自动消失。

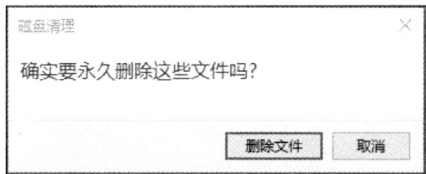

图 3-32　【磁盘清理】确认删除对话框

四、巩固练习

1. 按下面的要求完成相应的操作，并将操作结果以截图的方式进行保存。

（1）按名称排列桌面上的图标。

（2）将任务栏属性设置为使用小任务栏并将其移到桌面右侧，将整个屏幕截图保存为"实验 3_1.png"。

（3）打开【此电脑】窗口，进行最大化、最小化、向下还原、关闭窗口等操作，并调整窗口的大小、位置。

（4）打开"画图"程序，练习用画笔写姓名。打开"记事本"程序，在记事本文件中输入自己的姓名、专业；在【记事本】窗口的【文件】菜单中选择【页面设置】命令，打开【页面设置】对话框；改变窗口的大小及位置，使 3 个窗口（【此电脑】窗口、【画图】窗口、【记事本】窗口）都能被看到；将整个屏幕截图保存为"实验 3_2.png"。

（5）在控制面板中打开"字体"文件夹，以"详细信息"方式查看本机已安装的字体。将"字体"文件夹窗口截图保存为"实验 3_3.png"。

（6）在控制面板中打开【鼠标属性】对话框，适当调整双击速度，并按自己的喜好选择是否显示指针轨迹及调整指针形状。

2. 将以下 3 行复制到 Word 文档中，并将结果填入，以"实验 3_4.docx"为文件名进行保存。

$(78)_{10}=(\qquad)_2=(\qquad)_8$

$(100101)_2=(\qquad)_{10}=(\qquad)_{16}$

$(A35)_{16}=(\qquad)_{10}=(\qquad)_8$

第 3 章

文字处理软件 Word 2016 实验

　　Word 2016 是微软 Office 2016 办公软件套装中的一个核心组件，主要用于文字处理、文档编辑和排版等工作。

　　Word 2016 在功能上进行了多项改进和优化，为用户提供了更加便捷和高效的文字处理方式。它支持多种文件格式，包括常见的.doc 和.docx 格式，以及 PDF、RTF 等多种格式，方便用户在不同平台和设备上打开和编辑文档。同时，Word 2016 还具备丰富的排版和编辑功能，使用户可以轻松调整字体、段落、页面布局等，从而实现个性化的文档设计。在协作方面，Word 2016 也提供了诸多便利。它支持多人同时在线编辑文档，以及实时查看他人的修改内容，使得团队协作更加高效。此外，Word 2016 还提供了版本历史功能，用户可以随时回顾和比较不同版本的文档，从而确保文档的准确性和完整性。

　　总的来说，Word 2016 是一款功能强大、操作简便的文字处理软件，被广泛应用于各种办公场景和个人写作中。无论是创建报告、编写论文，还是制作简历，Word 2016 都能提供丰富的功能和工具，帮助用户更高效地完成工作。

实验四　Word 2016 的基本操作

一、实验目的

（1）了解 Word 2016 的工作界面。
（2）熟悉在 Word 2016 中创建、保存与打开文档的方法。
（3）掌握 Word 2016 的基本操作。

二、预备知识

1. Word 2016 的工作界面

Word 2016 的工作界面主要由标题栏、快速访问工具栏（在标题栏左边）、功能选项卡、状态栏（窗口下方）和编辑窗口组成。

Word 2016 提供了自定义快速访问工具栏的功能，单击快速访问工具栏右边的下拉按钮即可自行定义常用的功能键。快速访问工具栏如图 4-1 所示。

图 4-1　快速访问工具栏

2. Word 文档的创建、保存与打开

（1）Word 文档的创建。

方法一：启动 Word 2016 后将自动创建一个名为"文档 1"的新文档。

方法二：选择【文件】|【新建】|【空白文档】命令创建一个新文档。

方法三：使用快速访问工具栏（前提是在快速访问工具栏中添加了新建文档的快捷按钮）。

（2）Word 文档的保存。

方法一：选择【文件】|【保存】命令。也可以使用【另存为】命令将当前文档以其他的名称保存到其他位置，以防止覆盖原来的文档。

方法二：单击快速访问工具栏中的【保存】按钮保存文档。

（3）Word 文档的打开。

方法一：选择【文件】|【打开】命令打开文档。

方法二：在 Word 2016 窗口中按 Ctrl+O 组合键快速打开文档。

3. 文档视图与显示比例

Word 2016 提供了页面视图、阅读视图、Web 版式视图、大纲视图和草稿视图 5 种视图模式，分别以不同的方式显示文档。

要在不同视图之间进行切换，可以在【视图】|【视图】组中单击相应的视图按钮，也可以直接单击状态栏中的视图切换按钮。

在 Word 2016 中可以调整文档的显示比例。单击【视图】|【缩放】组中的【缩放】按钮，弹出【缩放】对话框。在其中选择合适的显示比例，单击【确定】按钮即可调整显示比例。也可以直

接拖动状态栏中的显示比例滑块 −─────■─────＋ 100% 来调整显示比例。

4. 文本的输入与选择

在 Word 2016 中可以方便地定位文本输入位置，输入中英文、特殊符号及公式等。默认情况下，在文档中输入文本时处于插入状态。按 Insert 键可以在改写与插入状态之间切换。在【插入】|【符号】组中可以选择输入公式、符号和编号。

文本的选择方法有使用鼠标、使用键盘和使用鼠标与键盘结合的方式。

（1）使用鼠标选择文本。

方法一：将鼠标指针移动到文本的起始位置，当鼠标指针呈"|"形状时，按住鼠标左键并拖动鼠标。

方法二：将鼠标指针移动到文档左侧的选定栏，当鼠标指针变成◿形状时双击，可以选中鼠标指针所在的段落。

（2）使用键盘选择文本。

可以用键盘来选择文本，常用的组合键如下。

Shift +←：选中光标左侧的一个字符。

Shift +→：选中光标右侧的一个字符。

Shift +↑：选中光标位置至上一行相同位置之间的文本。

Shift +↓：选中光标位置至下一行相同位置之间的文本。

Shift +Home：选中光标位置至行首之间的文本。

Shift +End：选中光标位置至行尾之间的文本。

Shift +Page Down：选中光标位置至下一屏之间的文本。

Shift +Page Up：选中光标位置至上一屏之间的文本。

Ctrl +A：选中整篇文档。

（3）使用鼠标与键盘结合的方式选择文本。

选择超长文本：单击要选择部分的开始位置，按住 Shift 键的同时在要选择部分的结束位置单击，即可选中这段文本。

选择不连续的文本：在按住 Ctrl 键的同时用鼠标左键对目标文件进行单击，可选择不连续的文本。

选择矩形区域的文本：将鼠标指针移动到要选择的矩形块文字的任意一角，按住 Alt 键，按住鼠标左键拖动鼠标到该矩形的对角处，可选择矩形区域的文本。

5. 文本的编辑

文本的编辑包括删除文本、撤销和恢复文本、复制文本、移动文本等操作。

（1）删除文本。

按 Backspace 键可删除插入点之前的文本；按 Delete 键可删除插入点之后的文本；选中要删除的文本，按 Backspace 键或 Delete 键，可删除选中的文本；选中要删除的文本，单击【开始】|【剪贴板】组中的【剪切】按钮，即可删除选中的文本；选中要删除的文本并单击鼠标右键，在弹出的快捷菜单中单击 ✂ 按钮，也可删除文本。

（2）撤销和恢复功能。

单击快速访问工具栏中的【撤销】按钮 ↶ 可撤销上一次操作或前面若干步操作；单击快速访问工具栏中的【撤销】下拉按钮，可在弹出的下拉菜单中选择撤销的步骤；撤销后单击【恢复】按钮 ↷ 可恢复上一步操作。

（3）复制文本。

方法一：选择要复制的文本，单击【开始】|【剪贴板】组中的【复制】按钮；将插入点移至要插入的位置，单击【开始】|【剪贴板】组中的【粘贴】按钮。

方法二：选择要复制的文本，按 Ctrl+C 组合键，将插入点移至要插入的位置，按 Ctrl+V 组合键。

方法三：选择要复制的文本，按住 Ctrl 键，直接将其拖动到要插入的位置。

（4）移动文本。

移动文本是指将选中的文本从一个位置移动到另一个位置，可以在同一个文档中移动，也可以在不同文档之间移动。

方法一：选择要移动的文本，单击【开始】|【剪贴板】组中的【剪切】按钮，将插入点移动到目标位置，单击【开始】|【剪贴板】【粘贴】按钮。

方法二：选择要移动的文本，按 Ctrl+X 组合键进行剪切，然后将插入点移动到目标位置，按 Ctrl+V 组合键进行粘贴。

方法三：选择要移动的文本，直接将其拖到目标位置。

6. 查找与替换

（1）查找。

单击【开始】|【编辑】组中的【查找】按钮或选中【视图】|【显示】组中的【导航窗格】复选框，弹出【导航】窗格，在【导航】窗格中输入查找内容。

（2）查找和替换。

单击【开始】|【编辑】组中的【查找】下拉按钮，在弹出的下拉菜单中选择"高级查找"命令；或单击【开始】|【编辑】组中的【替换】按钮，打开【查找和替换】对话框。在对话框中输入查找与替换的内容。

7. 设置文字

（1）设置文字的格式。

字体是文字的外观样式，包括中文字体和西文字体。默认情况下，Word 文档文本采用宋体五号字，颜色为黑色。设置文本格式是指更改默认的设置，以达到突出重点、美化文档的目的。

方法一：单击【开始】|【字体】组中的相应按钮，可对文字进行格式设置。

方法二：选中文本，单击【开始】|【字体】组中的对话框启动按钮 🔲，在弹出的对话框中对文字格式进行设置。

（2）设置文字的效果。

Word 2016 提供了文字的格式设置功能，用户不仅可以更改文字的填充和边框，添加如轮廓、阴影、映像和发光之类的效果，还可以为普通文本设置艺术字效果。

方法：选中要添加效果的文字，单击【开始】|【字体】，选择所需的效果。

三、实验内容与实验过程

1. 文档的创建和保存

（1）创建一个 Word 文档，输入朱自清的散文《春》，文档内容如下。

春

盼望着，盼望着，东风来了，春天的脚步近了。

一切都像刚睡醒的样子，欣欣然张开了眼。山朗润起来了，水涨起来了，太阳的脸红起来了。

小草偷偷地从土地里钻出来，嫩嫩的，绿绿的。园子里，田野里，瞧去，一大片一大片满是的。坐着，躺着，打两个滚，踢几脚球，赛几趟跑，捉几回迷藏。风轻悄悄的，草软绵绵的。

桃树，杏树，梨树，你不让我，我不让你，都开满了花赶趟儿。红的像火，粉的像霞，白的像雪。花里带着甜味儿；闭了眼，树上仿佛已经满是桃儿、杏儿、梨儿。花下成千成百的蜜蜂嗡嗡地闹着，大小的蝴蝶飞来飞去。野花遍地是：杂样儿，有名字的，没名字的，散在草丛里，像眼睛，像星星，还眨呀眨的。

"吹面不寒杨柳风"，不错的，像母亲的手抚摸着你，风里带着些新翻的泥土的气息，混着青草味儿，还有各种花的香，都在微微润湿的空气里酝酿。鸟儿将窠巢安在繁花嫩叶当中，高兴起来了，呼朋引伴地卖弄清脆的喉咙，唱出宛转的曲子，与清风流水应和着。牛背上牧童的短笛，这时候也成天嘹亮地响。

雨是最寻常的，一下就是三两天。可别恼。看，像牛毛，像花针，像细丝，密密地斜织着，人家屋顶上全笼着一层薄烟。树叶子却绿得发亮，小草也青得逼你的眼。傍晚时候，上灯了，一点点黄晕的光，烘托出一片安静而和平的夜。乡下去，小路上，石桥边，有撑起伞慢慢走着的人，还有地里工作的农夫，披着蓑，戴着笠的。他们的草屋，稀稀疏疏的，在雨里静默着。

天上的风筝渐渐多了，地上孩子也多了。城里乡下，家家户户，老老小小，他们也赶趟儿似的，一个个都出来了。舒活舒活筋骨，抖擞抖擞精神，各做各的一份事去。"一年之计在于春"，刚起头儿，有的是工夫，有的是希望。

春天像刚落地的娃娃，从头到脚都是新的，他生长着。

春天像小姑娘，花枝招展的，笑着，走着。

春天像健壮的青年，有铁一般的胳膊和腰脚，他领着我们上前去。

新建文档的方法如下。

① 单击【开始】按钮，在弹出的【开始】菜单中选择【Word】命令，启动 Word 2016 时将自动新建一个文档（也可用其他方法创建）。

② 在文档中输入朱自清的散文《春》。

（2）将输入《春》的 Word 文档以 "春.docx" 为名保存到 D 盘。

选择【文件】|【保存】或【另存为】命令，单击【浏览】按钮，打开【另存为】对话框，在对话框中设置保存位置为 "(D:)"，在【文件名】下拉列表框中输入 "春"，然后单击【保存】按钮。

2. 文本的编辑

（1）将 Word 文档 "春.docx" 中的第 4 段文字 "桃树……还眨呀眨的。" 移到第 5 段文字之后。（第一行文字是标题。）

① 选中第 4 段 "桃树……还眨呀眨的。" 的内容（包括回车符）。

② 将鼠标指针指向被选中的文本，按住鼠标左键，将文本拖到第 7 段第一个文字 "天" 之前，释放鼠标左键。

（2）将 "小草偷偷地从土地里钻出来……" 与 "天上的风筝渐渐多了……" 这两段文字互换位置。

① 选中 "小草偷偷地从土地里钻出来……" 段落的内容，单击【开始】|【剪贴板】组中的【剪切】按钮。

② 将光标移到 "天上的风筝渐渐多了……有的是希望。" 段落后，单击【开始】|【剪贴板】组

中的【粘贴】按钮。

③ 选中"天上的风筝渐渐多了……有的是希望。"段落的内容，按 Ctrl+X 组合键剪切文本。

④ 再将光标移到第 2 段后的位置，按 Ctrl+V 组合键完成粘贴操作。

（3）将"桃树……还眨呀眨的。"段落的内容在文章结尾处复制两次。

① 选中"桃树……还眨呀眨的。"段落的内容，单击【开始】|【剪贴板】组中的【复制】按钮。

② 将插入点移到文档结尾处，单击【开始】|【剪贴板】组中的【粘贴】按钮，完成第一次文本复制。

③ 选中"桃树……还眨呀眨的。"段落的内容，按住 Ctrl 键的同时拖动选中的文本到文档结尾处，完成第二次文本复制。

（4）将文档结尾处的一段 "桃树……还眨呀眨的。"内容删除。

选中文档结尾处的一段 "桃树……还眨呀眨的。"文本，按 Delete 键，完成删除操作。

（5）将编辑好的文档另存为"春 11.docx"并保存到 D 盘，退出 Word。

选择【文件】|【另存为】命令，单击【浏览】按钮，打开【另存为】对话框，在对话框中设置保存位置为"(D:)"，在【文件名】下拉列表框中输入"春 11"，然后单击【保存】按钮，再单击【关闭】按钮。

3. 文本的查找和替换

（1）在文档"春.docx"中查找"春"字。

① 打开文档"春.docx"。

② 单击【开始】|【编辑】组中的【查找】按钮，文档的左侧出现【导航】窗格。

③ 在【导航】窗格中输入"春"字，这时系统将自动在文档中搜索"春"字并将匹配结果突出显示。【导航】窗格中显示"6 个结果"，表示文档中有 6 个"春"字，如图 4-2 所示。

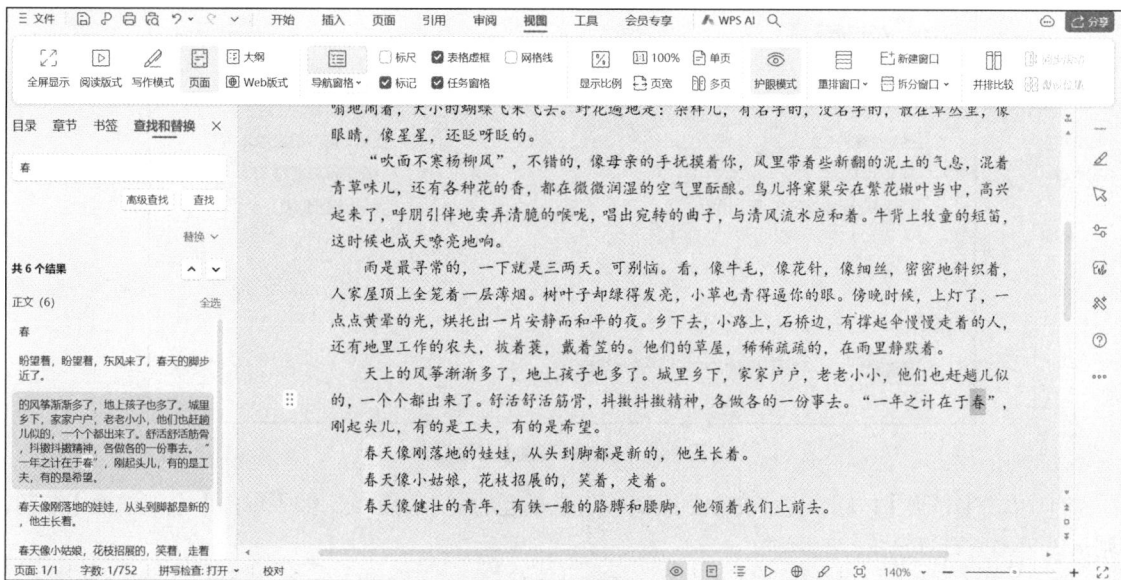

图 4-2 【导航】窗格

（2）将文档"春.docx"中的"春"替换成"chun"（标题中的"春"不替换），并另存为"春 12.docx"。

① 单击【开始】|【编辑】组中的【替换】按钮，打开【查找和替换】对话框，如图 4-3 所示。

图 4-3 【查找和替换】对话框 1

② 在【查找内容】下拉列表框中输入"春",在【替换为】下拉列表框中输入"chun"。

③ 单击【更多】按钮,在【搜索】下拉列表中选择查找和替换的范围,如图 4-4 所示。

图 4-4 【查找和替换】对话框 2

④ 单击【替换】按钮,完成文档中距离输入点最近的文本的替换。如果单击【全部替换】按钮,则可以替换所有满足条件的内容。

⑤ 选择【文件】|【另存为】命令,单击【浏览】按钮,打开【另存为】对话框,在对话框的【文件名】文本框中输入"春 12",然后单击【保存】按钮保存文档。

4. 设置文字格式

(1)在"春.docx"文档中将正文第 1 行标题文字设为幼圆二号字、加粗、红色、加虚下画线,并保存文档。

① 打开文档"春.docx"。

② 选中标题"春"，在【开始】|【字体】组中进行以下操作：单击【字体】下拉按钮，在弹出的下拉菜单中选择【幼圆】；单击【字号】下拉按钮，在弹出的下拉菜单中选择【二号】；单击【加粗】按钮；单击【字体颜色】下拉按钮，在弹出的下拉菜单中选择【红色】。

③ 选中标题"春"，在【开始】|【字体】组中进行以下操作：单击【下划线】下拉按钮，在弹出的下拉菜单中选择虚线。

④ 单击快速访问工具栏中的🖫图标按钮保存文档。

（2）将"春.docx"文档的正文第 1 段"盼望着……"的文字格式设置成隶书、三号字，并设置文本填充为"渐变填充"，预设渐变为"中等渐变-个性色 6"（第 3 行第 6 列），类型为"射线"，方向为"从中心"；另将正文第 2 段设置为"发光：8 磅；蓝色；主题色 1"，字间距加宽 5 磅，保存文档。

①选中文档中的第 1 段"盼望着……"文字，在【开始】|【字体】组中进行以下操作：单击【字体】下拉按钮，在下拉列表中选择【隶书】；单击【字号】下拉按钮，在下拉列表中选择【三号】字号。

② 单击【开始】|【字体】组中的对话框启动图标按钮 🖳，在弹出的对话框中单击【文字效果】按钮，打开图 4-5 所示的对话框。在【文本填充】选项卡中设置【文本填充】为【渐变填充】，【预设渐变】为【中等渐变-个性色 6】，【类型】为射线，【方向】为【从中心】。

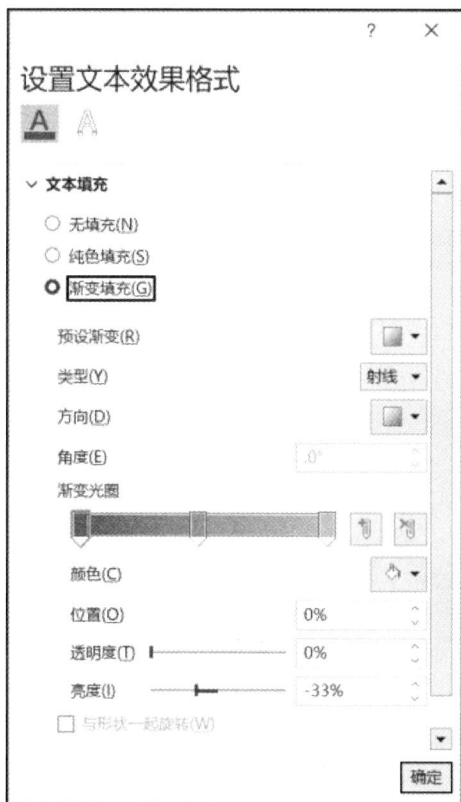

图4-5 【设置文本效果格式】对话框

45

③ 选中第 2 段文字,单击【开始】|【字体】组中的【文本效果和版式】按钮(见图 4-6),在弹出的下拉菜单中选择【发光:8 磅;蓝色;主题色 1】(第 1 行第 1 列)。

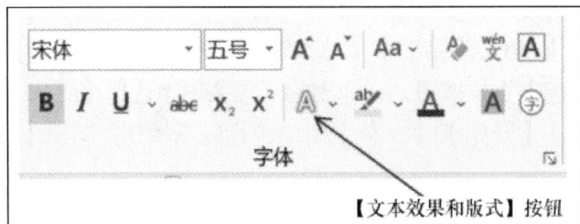

图 4-6 【开始】选项卡的【字体】组

④ 单击【开始】|【字体】组中的对话框启动图标按钮 ,在弹出的对话框中单击【高级】选项卡,如图 4-7 所示。在【间距】下拉列表中选择【加宽】,设置【磅值】为【5 磅】,单击【确定】按钮。

图 4-7 【高级】选项卡

⑤ 单击快速访问工具栏中的 图标按钮即可保存文档。

四、巩固练习

1. 莫怀戚的散文《散步》

(1)在 Word 中输入莫怀戚的散文《散步》的全部内容,具体内容如下。

散步

莫怀戚

我们在田野上散步：我，我的母亲，我的妻子和儿子。

母亲本不愿出来的；她老了，身体不好，走远一点儿就觉得累。我说，正因为如此，才应该多走走。母亲信服地点点头，便去拿外套。她现在很听我的话，就像我小时候很听她的话一样。

天气很好。今年的春天来得太迟，太迟了，有一些老人挺不住，在清明将到的时候去世了。但是春天总算来了。我的母亲又熬过了一个严冬。

这南方的初春的田野，大块儿小块儿的新绿随意地铺着，有的浓，有的淡；树上的嫩芽儿也密了；田里的冬水也咕咕地起着水泡儿……这一切都使人想着一样东西——生命。

我和母亲走在前面，我的妻子和儿子走在后面。小家伙突然叫起来："前面也是妈妈和儿子，后面也是妈妈和儿子！"我们都笑了。

后来发生了分歧：我的母亲要走大路，大路平顺；我的儿子要走小路，小路有意思……不过，一切都取决于我。我的母亲老了，她早已习惯听从她强壮的儿子；我的儿子还小，他还习惯听从他高大的父亲；妻子呢，在外面，她总是听我的。一霎时，我感到了责任的重大，就像领袖人物在重要关头时那样。我想找一个两全的办法，找不出；我想拆散一家人，分成两路，各得其所，终不愿意。我决定委屈儿子了，因为我伴同他的时日还长，我伴同母亲的时日已短。我说："走大路。"

但是母亲摸摸孙儿的小脑瓜，变了主意："还是走小路吧！"她的眼睛顺小路望过去：那里有金色的菜花、两行整齐的桑树，尽头一口水波粼粼的鱼塘。"我走不过去的地方，你就背着我。"母亲说。

这样，我们就在阳光下，向着那菜花、桑树和鱼塘走去了。到了一处，我蹲下来，背起了我的母亲，妻子也蹲下来，背起了我们的儿子。我的母亲虽然高大，然而很瘦，自然不算重；儿子虽然很胖，毕竟幼小，自然也很轻；但我和妻子都是慢慢地，稳稳地，走得很仔细，好像我背上的同她背上的加起来，就是整个世界。

（2）编辑《散步》，要求如下。

① 将标题设置成隶书、初号字、加粗、标准色蓝色，将字符间距设置为 6 磅；设置标题的文本填充为"渐变"填充，预设渐变为"底部聚光灯-个性色 2"（第 4 行第 2 列）。

② 将作者名设置成楷体、三号字、粉红色，字符间距设置为 1.5 磅。

③ 将文中所有的"儿子"替换为"小儿"，并将替换后的文字颜色设置为红色。

④ 将文中第 3 段和第 4 段交换。

⑤ 将文档保存到 D 盘中，文件名为"散步.docx"。

2. 标题为"名人名言赏析"的文本编辑练习

（1）在 Word 中输入《名人名言赏析》的全部内容，具体如下。

学问勤中得，萤窗万卷书。三冬今足用，谁笑腹空虚？——佚名

业精于勤，荒于嬉；行成于思，毁于随。——韩愈

书山有路勤为径，学海无涯苦作舟。——韩愈

不奋苦而求速效，只落得少日浮夸，老来窘隘而已。——郑板桥

勤学如春起之苗，不见其增，日有所长。辍学如磨刀之石，不见其损，日有所亏。——陶渊明

聪明出于勤奋，天才在于积累。——华罗庚

应该记住：我们的事业，需要的是手，而不是嘴！——童第周

埋头苦干是第一，熟练生出百巧来。勤能补拙是良训，一分辛劳一分才。——华罗庚

如果你颇有天赋，勤勉会使其更加完美；如果你能力平平，勤勉会补之不足。——雷诺兹

天才是 1%的灵感加 99%的汗水。——爱迪生

（2）编辑《名人名言赏析》，要求如下。

① 在正文第 1 段"学问勤中得……"前面为文章添加标题"名人名言赏析"，并将标题设置为幼圆、三号字、加粗、倾斜，颜色设为"主题颜色：蓝色，个性色 1，深色 25%"。

② 将正文的第 1 段名人名言设置为黑体、小四号字，设置标题文字效果的文本轮廓为渐变线，预设渐变为"底部聚光灯-个性色 4"（第 4 行第 4 列）。

③ 将正文的第 2 段和第 3 段名人名言设置为楷体、四号字，文字效果设置为"发光：8 磅；蓝色；主题色 1"。

④ 将正文的第 4 段和第 5 段名人名言设置为隶书、五号字，文字加红色下画线双线，颜色设置为标准色红色。

⑤ 将文档保存到 D 盘，文件名为"名人名言赏析.docx"。

实验五　Word 2016 的段落格式设置

一、实验目的

（1）熟悉 Word 2016 的段落排版操作。

（2）掌握段落格式的设置。

二、预备知识

1. 段落的排版

段落的排版是指设置段落的外观，包括设置段落缩进、对齐方式、行距，以及段落与段落的间距等。合理地设置段落格式可以使文档结构更清晰、层次更分明。

（1）段落缩进的设置。

段落缩进有 4 种形式：首行缩进、悬挂缩进、左缩进和右缩进。设置的方法如下。

方法一：利用标尺设置段落缩进。若标尺未处于显示状态，可选中【视图】|【显示】组中的【标尺】复选框。标尺如图 5-1 所示。选择要设置的段落，移动水平标尺上的滑块来设置缩进。

图 5-1　标尺

方法二：利用【段落】对话框设置段落缩进。选择要设置的段落，单击【开始】|【段落】组中的对话框启动图标按钮 ，弹出【段落】对话框，在【缩进和间距】选项卡中设置段落缩进。

（2）段落对齐方式的设置。

段落对齐方式有文本左对齐、居中、文本右对齐、两端对齐、分散对齐等，设置段落对齐方式的方法如下。

方法一：选中要设置的文本，在【开始】|【段落】组中单击相应的按钮 。

方法二：使用组合键。选中要设置的文本，按组合键。设置段落对齐方式的组合键如下。

文本左对齐：Ctrl+L。

文本居中：Ctrl+E。

文本右对齐：Ctrl+R。

文本两端对齐：Ctrl+J。

文本分散对齐：Ctrl+Shift+J。

（3）段间距的设置。

方法一：在【开始】|【段落】组中单击【行和段落间距】按钮 ，按需求进行设置。

方法二：在【段落】对话框的【间距】中设置。

（4）行距的设置。

行距是指段落文本中各行之间的距离，可利用【段落】对话框的【行距】下拉列表对行距进行设置。

2. 分栏

分栏是指将文档分成两栏或更多栏。

选中要分栏的所有文字或段落，单击【布局】|【页面设置】组中的【栏】按钮，或单击下拉列表中的【更多栏】按钮，打开【分栏】对话框，在其中进行设置。

3. 项目符号

项目符号是指放在文本前用于强调文本的点或其他符号。在 Word 2016 中，可以在输入文本的同时自动创建项目符号，也可以在文本中直接添加项目符号。

方法一：在文档中添加项目符号。选择需要添加项目符号的文本，在【开始】|【段落】组中单击【项目符号】图标按钮 ≔ ▾，在项目符号库中选择项目符号。

方法二：自定义项目符号。选择需要添加项目符号的文本，单击【开始】|【段落】组中的【项目符号】下拉按钮，在弹出的下拉菜单中选择【定义新项目符号】命令，打开【定义新项目符号】对话框，在其中自定义项目符号。

4. 编号

编号适用于按顺序排列的项目，如注意事项、操作步骤等，可以使内容看起来更清晰。段落编号可以是阿拉伯数字、罗马序列字符、中文数字，也可以是英文字母。添加编号的方法如下。

选择需要添加编号的段落，单击【开始】|【段落】组中的【编号】按钮，在编号库中选择编号。

单击【开始】|【段落】组中的【编号】下拉按钮，在弹出的下拉菜单中选择【定义新编号格式】命令，可根据需求更改编号的样式和格式。

5. 设置文档背景

在 Word 2016 中可以将某种颜色或过渡颜色、Word 自带的图案，甚至图片设置为文档背景。在【设计】|【页面背景】组中可以为文档添加背景颜色、设置文档背景的填充效果、为文档设置水印等。

6. 边框和底纹

在 Word 中，添加边框和底纹是一种美化文档的重要方式，可使文档更美观。用户可以为选中的图片、表格、文本、页面、图形等对象添加边框或设置底纹。

方法一：单击【开始】|【段落】组中的【边框】下拉按钮，在弹出的下拉菜单中选择【边框和底纹】命令，打开【边框和底纹】对话框。在【底纹】选项卡中可设置选中文字或段落的底纹，在【边框】选项卡中可设置选中文字或段落的边框，在【页面边框】选项卡中可给整个文档添加页面边框。

方法二：单击【开始】|【字体】组中的【字符边框】图标按钮 Ⓐ，可以为选中的文本添加单线边框。

方法三：单击【开始】|【段落】组中的【边框】下拉按钮，在弹出的下拉菜单中选择需要的边框样式，即可为选中的文本添加边框。

三、实验内容与实验过程

1. 设置段落对齐方式和缩进

（1）将 Word 文档"春.docx"的标题居中。

① 打开文档"春.docx"。

② 选中标题"春"，在【开始】|【段落】组中单击 ≣ 图标按钮。

（2）将正文每段首行缩进 2 个字符，正文第 3 段"小草偷偷地从土地里钻出来……"左右分别缩进 2 个字符和 1 个字符，并将文档另存为"春 21.docx"。

① 在文档"春.docx"中选中正文。

② 单击【开始】|【段落】组中的对话框启动图标按钮 ，打开【段落】对话框，在【缩进和间距】选项卡中设置【特殊】为【首行】、【缩进值】为【2 字符】。

③ 选中第 4 段，在【段落】对话框的【缩进和间距】选项卡中将【缩进】的左侧设为【2 字符】、右侧设为【1 字符】，如图 5-2 所示，完成后单击【确定】按钮。

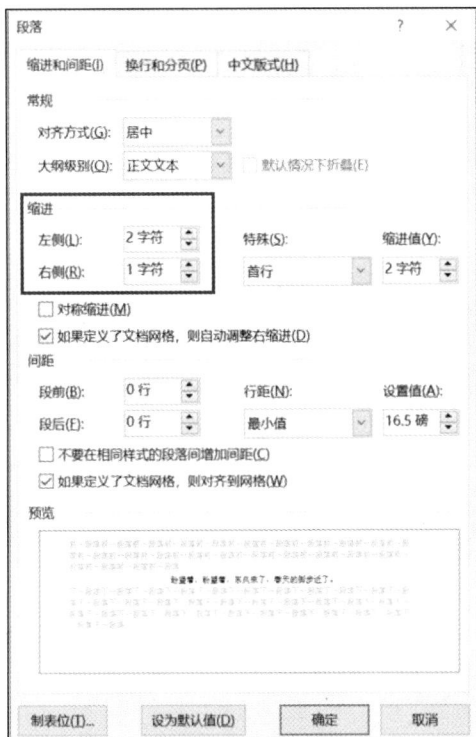

图 5-2　设置段落的缩进

④ 选择【文件】|【另存为】命令，打开【另存为】对话框，在【文件名】文本框中输入"春21"，单击【保存】按钮保存文档。

2. 设置段间距与行距

（1）将 Word 文档"春 21.docx"的标题行段后间距设为 2 行。

① 打开文档"春 21.docx"。

② 选中标题行，在【开始】|【段落】组中单击【行和段落间距】图标按钮 ，在弹出的下拉菜单中选择【行距选项】命令，在弹出的对话框中设置段后间距为 2 行，如图 5-3 所示。

（2）将正文第 4 段"桃树……还眨呀眨的。"行距设为 1.5 倍，并保存文档。

① 选中文档"春 21.docx"的第 4 段文本"桃树……还眨呀眨的。"

② 单击【开始】|【段落】组中的对话框启动图标按钮 ，打开【段落】对话框，在【行距】下拉列表中选择【1.5 倍行距】，如图 5-4 所示。

③ 设置完成后，单击【确定】按钮。

④ 保存文档。

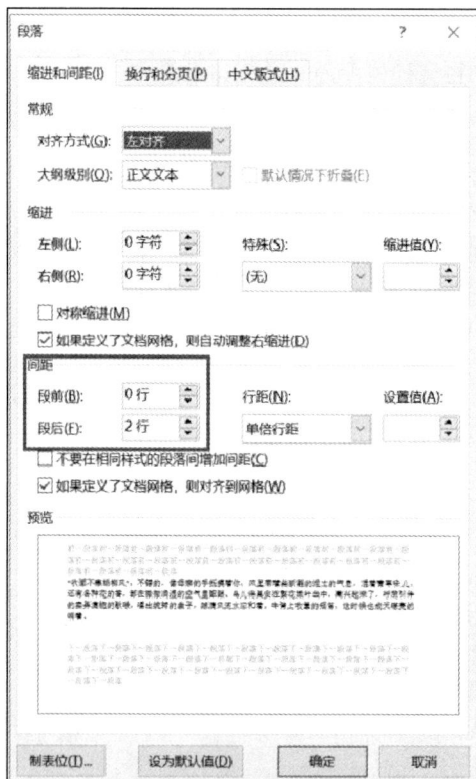

图 5-3　设置段落的间距

图 5-4　设置段落的行距

3．设置底纹

给文档"春 21.doc"标题文字添加底纹，图案样式设为"浅色竖线"，颜色为"蓝色，强调文字颜色 1，深色 25%"。

（1）打开文档"春 21.docx"，选中文档标题"春"。

（2）单击【开始】|【段落】组中的【边框】下拉按钮，在弹出的下拉菜单中选择【边框和底纹】命令，打开【边框和底纹】对话框，切换到【底纹】选项卡。

（3）设置【样式】为【浅色竖线】，如图 5-5 所示，设置【颜色】为【蓝色，强调文字颜色 1，深色 25%】。

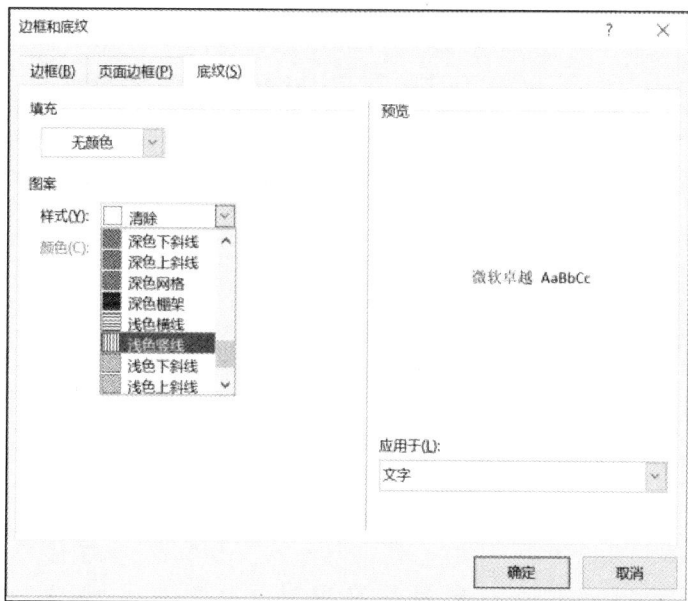

图 5-5　【底纹】选项卡

④ 单击【确定】按钮完成底纹设置。

4．设置边框

给正文第 5 段"'吹面不寒杨柳风'……"设置三维蓝色双线 1.5 磅边框，框内文本距离边框上下各 2 磅，保存文档。

（1）打开文档"春 21.docx"，选中正文第 5 段"'吹面不寒杨柳风'……"文字。

（2）单击【开始】|【段落】组中的【边框】下拉按钮，在弹出的下拉菜单中选择【边框和底纹】命令，打开【边框和底纹】对话框，切换到【边框】选项卡。

（3）在【设置】中选择【三维】，设置【样式】为双线、【颜色】为蓝色、【宽度】为 1.5 磅，如图 5-6 所示。

（4）单击【选项】按钮，打开【边框和底纹选项】对话框，设置框内文本距离边框上下各 2 磅，单击【确定】按钮完成边框设置。

（5）保存文档。

5．设置项目符号

给文档"春 21.docx"最后 3 段文本"春天像刚落地的娃娃……他领着我们上前去。"的每段文本前加上项目符号★，保存文档。

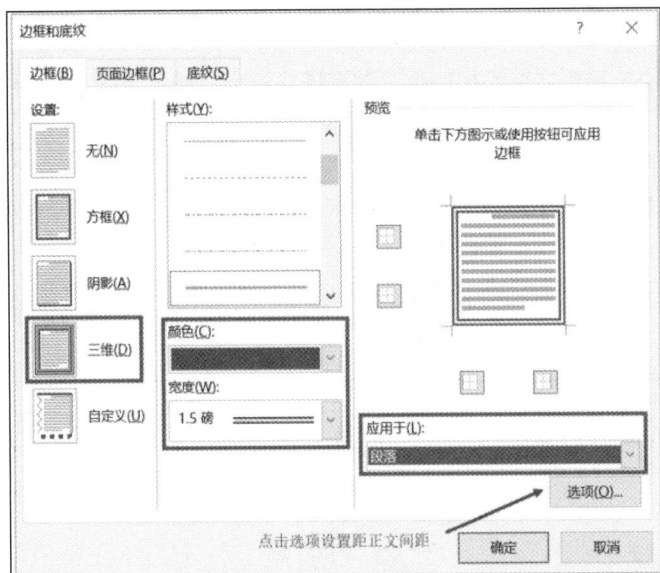

图 5-6 【边框】选项卡

（1）打开文档"春 21.docx"，选中最后 3 段文本。

（2）在【开始】|【段落】组中单击【项目符号】下拉按钮，在弹出的下拉菜单中选择【定义新项目符号】命令，打开【定义新项目符号】对话框，单击【符号】按钮，打开【符号】对话框，如图 5-7 所示。在其中选择符号★，单击【确定】按钮完成设置。

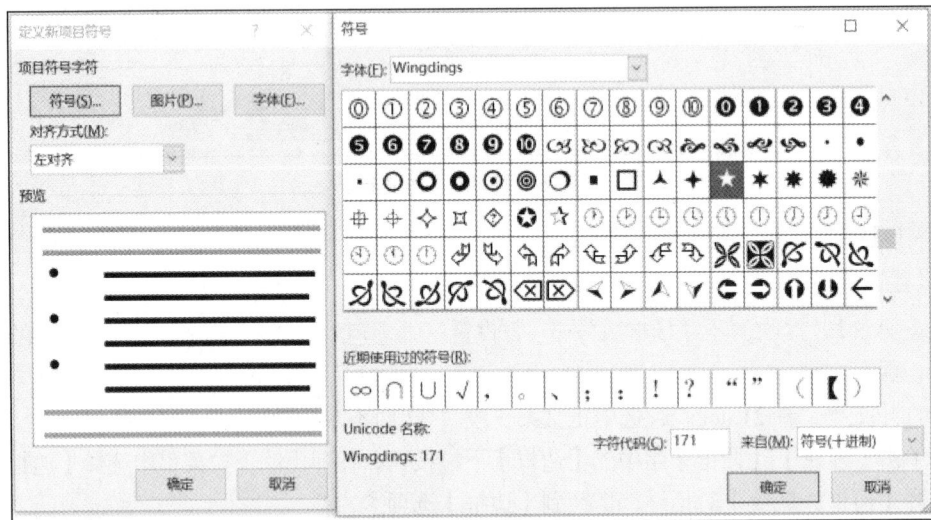

图 5-7 【定义新项目符号】对话框和【符号】对话框

（3）保存文档。

6. 设置首字下沉

将文档"春 21.docx"的正文第一段设为首字下沉 3 行，距正文 0.1 厘米，将下沉字符字体设为"华文行楷"，保存文档。

（1）打开文档"春 21.docx"。

（2）将光标移至第 1 段开始处，单击【插入】|【文本】组中的【首字下沉】下拉按钮，在弹出

的下拉菜单中选择【首字正常选项】命令，打开【首字下沉】对话框。

（3）在【位置】中选择【下沉（D）】方式，设置【字体】为【华文行楷】，【下沉行数】为【3】，【距正文】为【0.1 厘米】，如图 5-8 所示，设置好后单击【确定】按钮。

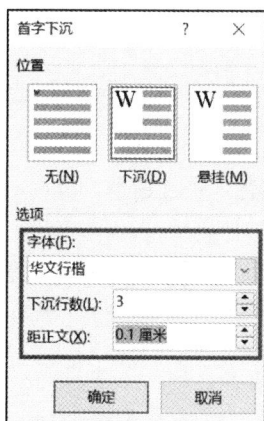

图 5-8　设置首字下沉

（4）保存文档。

7. **设置分栏**

将文档"春 21.docx"正文第 6 段"雨是最寻常的……在雨里静默着。"分为 3 栏，将第一栏栏宽设为 7 个字符，栏间距设为 3 个字符，加分隔线，保存文档。

（1）打开文档"春 21.docx"。

（2）选中第 6 段"雨是最寻常的……在雨里静默着。"，单击【布局】|【页面设置】组中的【栏】下拉按钮，在弹出的下拉菜单中选择【更多分栏】命令，打开【分栏】对话框。在该对话框的【预设】中选择【三栏】，再取消选中【栏宽相等】复选框，设置第 1 栏栏宽为 7 个字符、栏间距为 3 个字符，选中【分隔线】复选框，如图 5-9 所示。设置完成后单击【确定】按钮。

（3）保存文档。

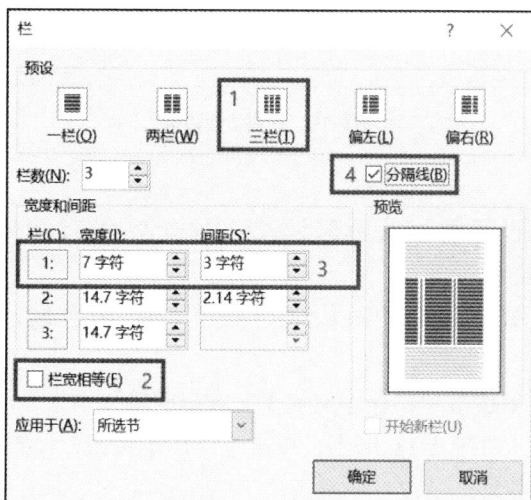

图 5-9　设置分栏

8. 插入页码

在文档"春 21.docx"底端插入带状物页码。

（1）打开文档"春 21.docx"。

（2）单击【插入】|【页眉和页脚】组中的【页码】按钮，在弹出的下拉菜单中选择【页面底端】|【带状物】命令。

（3）保存文档。

9. 设置页面边框

为文档"春 21.docx"设置 25 磅的艺术页面边框。

（1）打开文档"春 21.docx"。

（2）单击【设计】|【页面背景】组中的【页面边框】按钮，打开【边框和底纹】对话框。

（3）在【页面边框】选项卡中设置边框【艺术型】、【宽度】、【应用于】等属性，如图 5-10 所示。设置完成后单击【确定】按钮。

（4）保存文档。

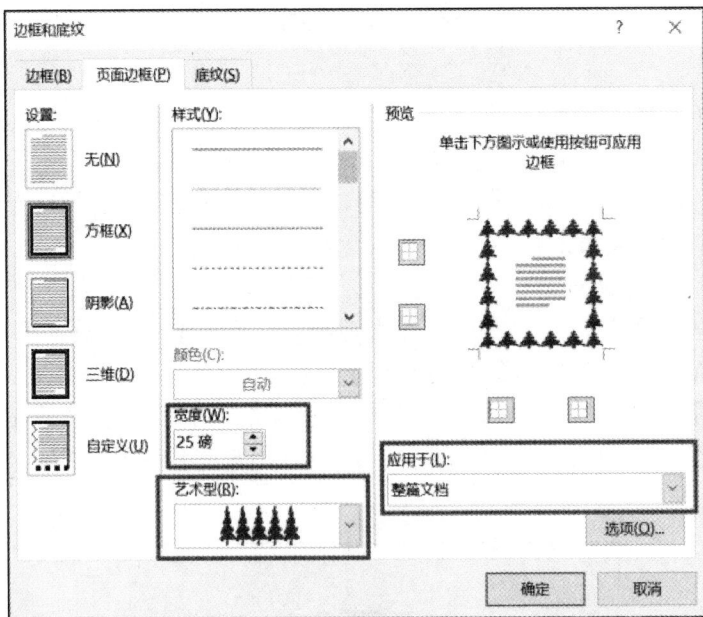

图5-10 设置页面边框

10. 设置页面背景

（1）为文档"春 21.docx"设置水印，水印文字为"朱自清散文"，字体为"隶书"，字号为"36"。

① 打开文档"春 21.docx"。

② 单击【设计】|【页面背景】组中的【水印】按钮，在弹出的下拉菜单中选择【自定义水印】命令，打开【水印】对话框。

③ 选择【文字水印】单选按钮，在【文字】文本框中输入"朱自清散文"，设置【字体】为【隶书】，【字号】为【36】，如图 5-11 所示。单击【应用】按钮使设置生效，单击【确定】按钮退出。

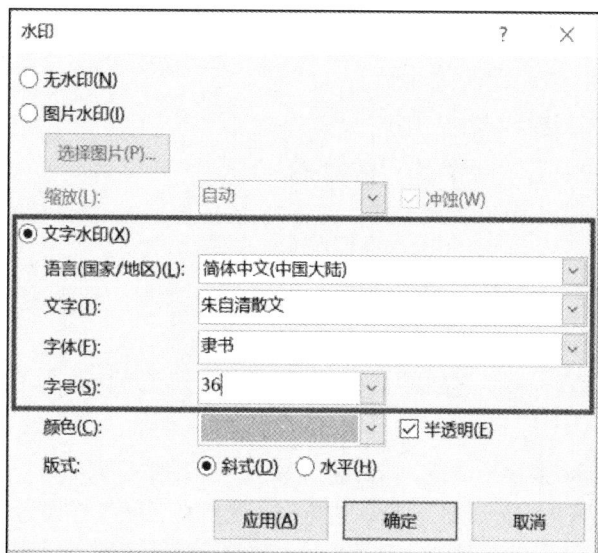

图5-11 设置文字水印

（2）设置文档的填充效果为"水滴"。

① 单击【设计】|【页面背景】组中的【页面颜色】按钮，在弹出的下拉菜单中选择【填充效果】命令，打开【填充效果】对话框。

② 单击【纹理】选项卡，在【纹理】选项区域中选择【水滴】图案，如图 5-12 所示。

③ 单击【确定】按钮退出。

④ 保存文档。

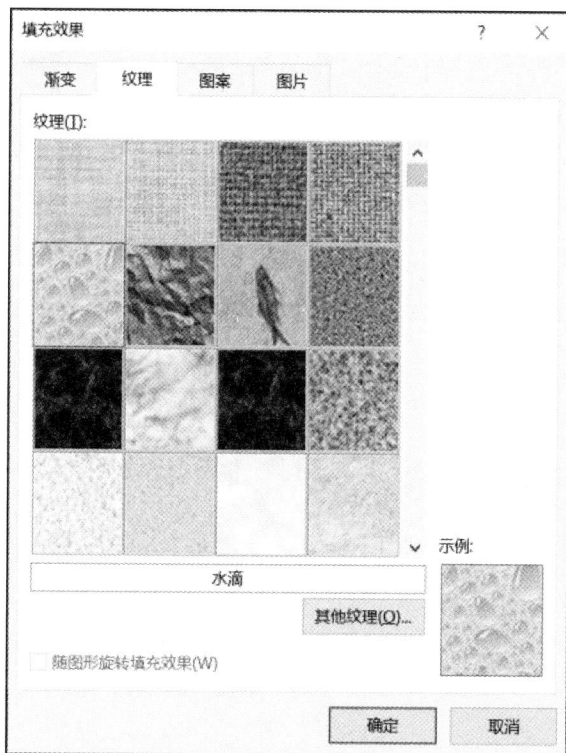

图 5-12 设置填充效果

四、巩固练习

1. 对文档"春.docx"进行编辑与排版

（1）打开文档"春.docx"，并另存为"春22.docx"。

（2）自定义文档的纸张大小（宽为17.6厘米，高为25厘米），将文档的页面边距设置为上边距2厘米、下边距2厘米。

（3）将文档标题"春"的文字格式设置为黑体、小三、加粗，设置对齐方式为居中对齐，颜色为"橙色，个性色2"，并设为内部居中阴影。

（4）将正文各段落设置为左右各缩进1个字符，段前、段后间距均为1行，首行缩进2个字符，行距14磅。

（5）为第3段文字加波浪单下画线，文字效果设置文本渐变填充。

（6）为第5段文字添加1.5磅方框边框，边框颜色为红色，底纹样式为20%，应用范围为段落。

（7）将正文第6段分为等宽的两栏，栏间距0.5字符，加分隔线。

（8）设置正文第6段首字的下沉行数为2行，距正文0.2厘米，字体为楷体。

（9）在输入的文字后面插入日期，格式为"****年**月**日"，右对齐。

（10）在文档页面底端插入页码，格式为普通数字2。

2. 对文档"散步.docx"进行编辑与排版

（1）打开文档"散步.docx"。将标题"散步"设置为艺术字"渐变填充：蓝色，主题色5；映像"。

（2）设置正文行距为1.5倍行距，将文中所有的"母亲"两字设为蓝色、加粗、倾斜，并将正文第3段设置为"发光：8磅；绿色，主题色6"。

（3）将第6段分成3栏，设置第1栏栏宽为7个字符、栏间距为2个字符，其他采用默认设置。

（4）设置第1段首字的下沉行数为2行，距正文1厘米，字体为宋体。

（5）在页面四周插入艺术图案页面边框（图案自定义）。

（6）给文档加水印，文字内容为"散文"。

（7）将文档保存到D盘，文件名为"散步2.docx"。

实验六　Word 2016 的表格处理与图文混排

一、实验目的

（1）掌握 Word 2016 中表格的使用。

（2）掌握 Word 2016 中图文混排的方法。

（3）了解图形的绘制与编辑。

（4）掌握页面设置与打印。

二、预备知识

1．表格

Word 2016 具有强大的表格编辑功能，可以制作出多种样式的表格。表格的基本单元称为单元格，即表格中的每一个小格。Word 2016 将单元格中的内容作为子文档处理，与其他文档的处理方法类似。

新建表格的方法如下。

方法一：单击【插入】|【表格】组中的【表格】按钮■，在弹出的下拉菜单中选择需要的行数和列数。

方法二：单击【插入】|【表格】组中的【表格】按钮，在弹出的下拉菜单中选择【插入表格】命令，打开【插入表格】对话框，在其中设置表格的参数，单击【确定】按钮，生成所需的表格。

2．表格中的数据处理

表格中的数据处理主要有排序和计算。

3．绘图工具

Word 2016 提供了丰富的绘图工具，使用户可方便、快捷地绘制出各种图形。

4．艺术字

艺术字既是一种特殊的文字效果，也是一种图形。

5．文本框

文本框是图形对象，在文本框中可以输入文本，插入图形、图片、艺术字等。文本框可放在文档中的任意位置，文本框分为横排文本框和竖排文本框。

三、实验内容与实验过程

1．新建表格

在 D 盘中新建一个 Word 文档，将其命名为"表 1.docx"，在文档中完成表格制作，表格内容如表 6-1 所示。

表 6-1　学生成绩表

姓　名	高等数学	大学英语	计算机基础
王志平	88	94	90
吴晓辉	85	88	93

姓　名	高等数学	大学英语	计算机基础
张　竟	76	80	85
李丽萍	69	75	70
曾　天	95	88	93
张欢欢	70	73	68

（1）新建一个 Word 文档。

（2）单击【插入】|【表格】组中的【表格】按钮，在弹出的下拉菜单中选择 7 行和 4 列，如图 6-1 所示。

图 6-1　创建 7 行 4 列的表格

（3）在表格中输入表 6-1 所示的内容。

（4）以文件名"表 1.docx"保存文档。

2. 插入行、列

在"表 1.doc"文档的"计算机基础"列的右边插入一列，输入列标题"平均分"，在表格的最后增加一行，输入行标题"各科平均"，如表 6-2 所示。

表 6-2　学生成绩表

姓名	高等数学	大学英语	计算机基础	平均分
王志平	88	94	90	
吴晓辉	85	88	93	
张　竟	76	80	85	
李丽萍	69	75	70	
曾　天	95	88	93	
张欢欢	70	73	68	
各科平均				

（1）打开文档"表 1.docx"。

（2）将光标移至表格"计算机基础"列的任意单元格中，单击鼠标右键，在弹出的快捷菜单中选择【插入】|【在右侧插入列】命令在最右侧插入一列，在此列第一行输入"平均分"。

（3）将光标移至表格最后一行，单击鼠标右键，在弹出的快捷菜单中选择【插入】|【在下方插入行】命令在最下方插入一行，在此行第一列中输入"各科平均"。

3. 使用公式和函数

（1）在文档"表 1.docx"中表格的"平均分"列计算每个人的平均分。

① 将光标放在"平均分"列第二行的单元格中，单击【表格工具】|【布局】|【数据】组中的【公式】按钮，打开【公式】对话框。

② 在【公式】文本框中删除原来的公式并输入"="。

③ 在【粘贴函数】下拉列表中选择【AVERAGE】选项，将函数输入【公式】文本框中，在括号中输入"LEFT"，表示对该单元格的左侧数据进行求平均数的操作，如图 6-2 所示。单击【确定】按钮，即可计算出"王志平"的平均分。

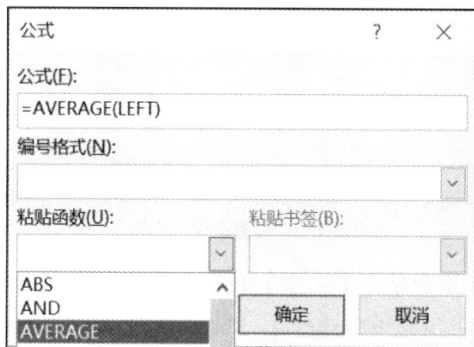

图 6-2 【公式】对话框

④ 用同样的方法计算出其他学生的平均分。

小技巧：计算出第一个学生的平均分后，可将其复制到其他学生的"平均分"单元格中，然后选中这些单元格，按 F9 键更新域。

（2）在"各科平均"行计算各科的平均分。

① 将光标移至"各科平均"行的第二列中，在【表格工具】|【布局】|【数据】组中单击【公式】按钮，打开【公式】对话框。

② 在【公式】文本框中删除原来的公式并输入"="。

③ 在【粘贴函数】下拉列表中选择"AVERAGE"，将函数输入【公式】文本框中，在括号中输入"ABOVE"，表示对该单元格上方的数据求平均数。单击【确定】按钮，完成"高等数学"列平均分的计算。

④ 用同样的方法完成其他科平均分的计算。

⑤ 单击快速访问工具栏中的 📁 图标按钮保存文档。

4. 设置表格属性

将"表 1.docx"文档中表格第一行的行高设置为 1.5 厘米最小值，设置该行文字格式为隶书、三号、红色，水平居中；其余各行的行高设置为 1 厘米最小值；将表格设置为"根据内容自动调整表格"。

（1）打开文档"表 1.docx"，选中表格的第一行。

（2）在【表格工具】|【布局】|【表】组中单击【属性】按钮，打开【表格属性】对话框。在【行】选项卡中设置【指定高度】为【1.5 厘米】，【行高值是】为【最小值】，如图 6-3 所示。

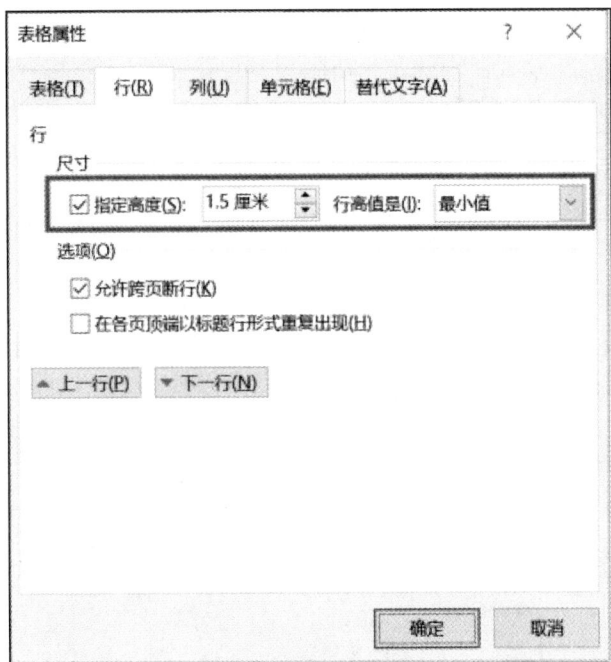

图 6-3　设置表格的行高

（3）在【开始】|【字体】组中单击【字体】下拉按钮，在弹出的下拉菜单中选择【隶书】；单击【字号】下拉按钮，在弹出的下拉菜单中选择【三号】；单击【字体颜色】下拉按钮，在弹出的下拉菜单中选择【红色】。

（4）单击【表格工具】|【布局】|【对齐方式】组中的【水平居中】按钮。

（5）选中表格的第2～第7行，打开【表格属性】对话框，在【行】选项卡中设置【指定高度】为【1厘米】，【行高值是】为【最小值】。

（6）单击【表格工具】|【布局】|【单元格大小】组中的【自动调整】按钮，在弹出的下拉菜单中选择【根据内容自动调整表格】命令。

（7）保存文档。

5. 设置表格边框和底纹

为"表1.docx"文档中表格的第一行与最后一行添加10%的底纹，再将表格的外框线设置为1.5磅的蓝色双线，内框线设置为0.75磅绿色单线。

（1）打开文档"表1.docx"。

（2）选中表格的第一行，再按住Ctrl键选中最后一行，打开【边框和底纹】对话框，在【底纹】选项卡中设置10%的底纹。

（3）选中表格，单击【表格工具】|【表设计】|【边框】组中的对话框启动图标按钮，打开【边框和底纹】对话框。在【边框】选项卡的【设置】中选择【自定义】，设置【样式】为【双线】，【颜色】为【蓝色】，【宽度】为【1.5 磅】，单击【预览】区的上、下、左、右线条按钮绘制外框线条。

（4）设置【样式】为【单线】，【颜色】为【绿色】，【宽度】为【0.75磅】，单击【预览】区的中间横竖线条按钮绘制内框线，如图6-4所示，单击【确定】按钮。

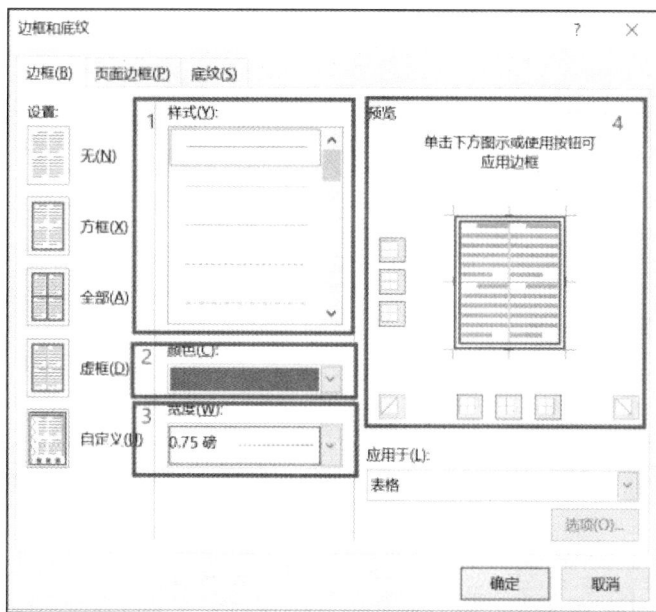

图 6-4 设置表格内框线

（5）保存文档。

6. 合并单元格

在表格的上方插入一行，合并单元格，然后输入标题"成绩表"，设置文字格式为黑体、二号、居中；在表格下方插入当前日期，设置文字格式为粗体、倾斜、右对齐。

（1）打开文档"表 1.docx"，将光标移至表格的第一行中。

（2）在【表格工具】|【布局】|【行和列】组中单击【在上方插入】按钮，在表格的上方插入一行。

（3）选中表格的第一行，在【表格工具】|【布局】|【合并】组中单击【合并单元格】按钮，将第一行中的单元格合并为一个单元格。

（4）在第一行中输入文字"成绩表"，并设置文字格式为黑体、二号、居中。

（5）将光标定位在表格的下方，单击【插入】|【文本】组中的【日期和时间】按钮，在弹出的【日期和时间】对话框中选择日期格式，单击【确定】按钮，设置日期文字格式为粗体、倾斜、右对齐。

（6）单击快速访问工具栏中的【保存】按钮保存文档。

"表 1.docx"最终效果如图 6-5 所示。

7. 设置文本框

（1）将文档"春.docx "另存为"春 31.docx"。

打开文档"春.docx"，选择【文件】|【另存为】命令，在打开的【另存为】对话框中输入文件名"春 31.docx"，单击【保存】按钮保存文档。

（2）在正文第二段右侧插入竖排文本框，文本框中的文字是"春"。设置字体为黑体，字号为小一号，文字颜色为紫色。设置文本框颜色填充为"绿色，个性色 6，淡色 60%"，阴影为"内部左下角"，阴影颜色橙色。设置文本内容为左对齐，文本框位置为"顶端居中，四周型文字环绕"。

成绩表				
姓名	高等数学	大学英语	计算机基础	平均分
王志平	88	94	90	90.67
吴晓辉	85	88	93	88.67
张　竟	76	80	85	80.33
李丽萍	69	75	70	71.33
曾　天	95	88	93	92
张欢欢	70	73	68	70.33
各科平均	80.5	83	83.17	82.22

2023 年 8 月 7 日

图 6-5 “表 1.docx”最终效果

① 单击【插入】|【文本】组中的【文本框】按钮，在弹出的下拉菜单中选择【绘制竖排文本框】命令，在正文第二段右侧绘制文本框，此时插入点在文本框中，在其中输入文字“春”。

② 选中文本框中的文字“春”，将其设置成黑体小一号字，并设置文字颜色为紫色。

③ 选中文本框，单击【绘图工具】|【形状格式】|【形状样式】组中的【形状填充】按钮，选择【绿色，个性色 6，淡色 60%】。

④ 选中文本框，单击【绘图工具】|【形状格式】|【形状样式】组中的【形状效果】按钮，在弹出的下拉菜单中选择【阴影】|【阴影选项】命令，打开【设置文本效果格式】任务窗格，选择【预设】为【内部：左下】，【颜色】为【橙色】。

⑤ 选中文本框，单击【绘图工具】|【形状格式】|【文本】组中的【对齐文本】按钮，在弹出的下拉菜单中选择“左对齐”命令。

⑥ 选中文本框，单击【绘图工具】|【形状格式】|【排列】组中的【位置】按钮，在弹出的下拉菜单中选择“顶端居中，四周型文字环绕”。

⑦ 单击快速访问工具栏中的【保存】按钮保存文档。

8. 插入艺术字

（1）将文档“春 31.docx”的标题改为艺术字，设置艺术字样式为“渐变填充-橙色，强调文字颜色 6，内部阴影”。

① 选中文档“春 31.docx”的标题“春”。

② 单击【插入】|【文本】组中的【艺术字】下拉按钮，在弹出的下拉菜单中选择【渐变填充-橙色，强调文字颜色 6，内部阴影】，如图 6-6 所示。

（2）设置艺术字形状填充为“水滴”，形状效果为【发光，橙色，18pt 发光，强调文字颜色 6】。

① 选中艺术字，单击【绘图工具】|【形状格式】|【形状样式】组中的【形状填充】下拉按钮，在弹出的下拉菜单中选择【纹理】|【水滴】，如图 6-7 所示。

② 选中艺术字，单击【绘图工具】|【形状格式】|【形状样式】组中的【形状效果】下拉按钮，在弹出的下拉菜单中设置形状效果为【发光，橙色，18pt 发光，强调文字颜色 6】。

③ 单击快速访问工具栏中的【保存】按钮保存文档。

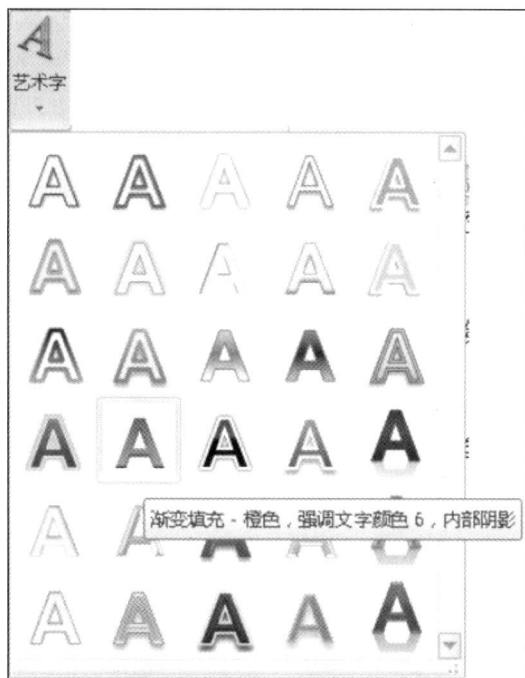

图 6-6　选择艺术字样式

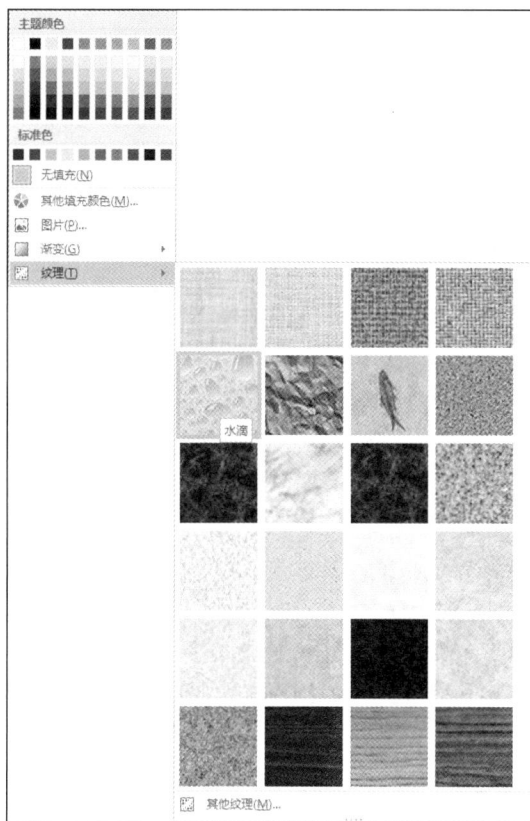

图 6-7　设置形状填充

9. 插入图形

将图形"笑脸"插入文档"春31.docx"第4段"桃树……还眨呀眨的。"的左下角，设置形状填充为"蓝色，个性色5，淡色40%"，形状轮廓为1.5磅浅蓝色实线，环绕方式为四周型。

（1）将光标定位在文档"春31.docx"的第4段"桃树……还眨呀眨的。"左下角，单击【插入】|【插图】组中的【形状】下拉按钮，在【基本形状】中选择"笑脸"图形。

（2）选中图形，单击【绘图工具】|【形状格式】|【形状样式】组中的【形状填充】按钮，在弹出的下拉菜单中选择【蓝色，个性色5，淡色40%】。

（3）选中图形，单击【绘图工具】|【形状格式】|【形状样式】组中的【形状轮廓】按钮，在弹出的下拉菜单中选择【粗细】|【1.5磅】。

（4）选中图形，单击【绘图工具】|【形状格式】|【排列】组中的【环绕文字】按钮，在弹出的下拉菜单中选择【四周型】命令。

（5）保存文档。

四、巩固练习

1. 创建表6-3所示的表格，对表格进行操作，并以"表2.docx"为名保存。

表6-3 学生成绩表

姓 名	语文	数学	英语
吴晓燕	88	94	90
王震宇	85	88	93
李秀丽	76	80	85
刘丽萍	69	75	70
张 莹	95	88	93
程云健	70	73	68

（1）在表格的右侧加一列，列标题为"总分"；在表格的下方加一行，行标题为"各科平均分"。

（2）将表格外边框线设置为3磅红色单实线，表格内框线设置为0.75磅蓝色单实线。

（3）设置表格各列宽度分别为3.5厘米、2.5厘米、2.5厘米、2.5厘米、3.5厘米。

（4）利用公式计算总分和各科平均分，并设置保留一位小数。

（5）在表格的上方加标题"学生成绩表"，并设置表标题文字格式为黑体、三号，将标题文字居中对齐；设置表内文字的字号为小四号，字体为隶书，水平对齐方式为左对齐，垂直对齐方式为居中。

2. 在Word中制作图6-8所示的报纸，具体要求如下。

（1）纸张大小为A4，纸张方向为横向。

（2）背景图片采用水印方式设置。单击【设计】|【页面背景】组中的【水印】按钮，在弹出的下拉菜单中选择【自定义水印】命令，打开【水印】对话框，选择【图片水印】单选按钮，【缩放】设置为【100%】，取消选中【冲蚀】复选框。

（3）在文本框（横排、竖排）中输入报纸内容，每段内容标题文字为二号字、华文隶书，正文为小四号字，段间距为固定18~20磅。

（4）标题"春分"为艺术字。

图 6-8　报纸样图

（5）在报纸中插入图片，将图片环绕文字方式设置为浮于文字上方，再调整图片的大小和位置。

也可自行设计报纸内容和样式，但要求内容正能量、样式优美，含有文本框、艺术字、图片等元素。

第 4 章

电子表格编辑软件 Excel 2016 实验

　　Excel 2016 是一款功能强大的电子表格编辑软件，广泛用于数据处理、分析和管理。它具有直观的用户界面和丰富的功能，能够帮助用户快速、高效地处理大量数据，并生成专业的报表和图表。

　　在 Excel 2016 中，用户可以创建和编辑电子表格，进行各种计算和分析操作。它提供的多种函数和工具可以帮助用户快速完成复杂的计算任务，例如，求和、求平均值、排序、筛选等。Excel 2016 还支持多种数据类型，包括文本、数字、日期等，方便用户根据实际需求处理数据。除了基本的数据处理功能外，Excel 2016 还具备强大的数据分析功能。它可以帮助用户创建各种类型的图表和图形，从而直观地展示数据的变化趋势和数据之间的关系。此外，Excel 2016 还提供了数据透视表和数据透视图等高级功能，可以帮助用户更深入地分析数据，发现数据中的规律和趋势。在协作方面，Excel 2016 也表现出色。它支持多人同时编辑和共享电子表格，方便团队成员之间的协作和交流。用户还可以将电子表格导出为多种格式，以与其他软件或平台进行无缝对接。

　　总的来说，Excel 2016 是一款功能丰富、操作简便的电子表格编辑软件，可满足各种数据处理和分析需求。无论是个人用户，还是企业团队，都可以通过 Excel 2016 提高工作效率，实现数据的有效管理和分析。

实验七　Excel 2016 的基本操作

一、实验目的

（1）掌握 Excel 工作簿的创建、保存与打开方法。
（2）掌握 Excel 工作表中数据的输入与编辑方法。
（3）掌握 Excel 工作表的格式化操作。
（4）掌握工作表的插入、复制、删除等管理方法。

二、预备知识

1. 工作簿的创建、保存与打开

（1）工作簿的创建。

方法一：启动 Excel 2016 后将自动创建一个名为"工作簿 1"的新工作簿。

方法二：选择【文件】|【新建】命令，选择【空白工作簿】，再单击【创建】按钮。

方法三：单击快速访问工具栏中的【新建】图标按钮 创建空白工作簿（需先将该按钮添加到快速访问工具栏中）。

（2）工作簿的保存。

方法一：选择【文件】|【保存】命令保存工作簿。

方法二：单击快速访问工具栏中的【保存】图标按钮 保存工作簿。

（3）工作簿的打开。

方法一：选择【文件】|【打开】命令打开工作簿。

方法二：单击快速访问工具栏中的【打开】图标按钮 打开工作簿（需先将该按钮添加到快速访问工具栏中）。

方法三：直接双击要打开的工作簿。

2. 数据输入

（1）文本输入。

Excel 文本包括汉字、英文字母、数字、空格及其他符号，文本输入时默认采用左对齐方式。应注意的是，如果需要把纯数字的数据作为文本处理，输入时应在第一个数字前添加单引号（'），或先将单元格的数据类型设为文本型再输入。

（2）数值输入。

① 数值数据一般由 0～9 组成，还可使用 +（正号）、−（负号）、/、¥、$、%、.（小数点）、（千分位符号）、E 和 e 等特殊字符。

② 输入分数时，应在分数前加"0"和一个空格，例如输入"1/2"时应输入"0 1/2"，否则 Excel 会把输入的数据视作日期数据。

③ 可以使用科学记数法表示数值，如 123000 可写成 1.23E+5。

（3）日期时间输入。

① 输入日期时可使用斜线（/）或连字符（-）分隔年、月、日。

② 输入时间时用冒号（：）分隔时、分、秒，一般以 24 小时格式表示时间，若要以 12 小时格式表示时间，需要在时间后加上 A（AM）或 P（PM）。A 或 P 与时间之间要空一个空格。

（4）自动填充。

方法一：先输入初始值，再选中初始值所在的单元格，将鼠标指针移到单元格的右下角，拖动填充柄进行自动填充。

方法二：单击【开始】|【编辑】组中的【填充】按钮，在弹出的下拉菜单中选择相应的命令进行自动填充。

3. 数据编辑

（1）数据修改。

方法一：单击单元格后在编辑栏中修改数据。

方法二：双击单元格后直接在单元格中修改数据。

（2）数据清除。

方法一：单击【开始】|【编辑】组中的【清除】图标按钮 ◇·，在弹出的下拉菜单中选择清除单元格的格式、内容或批注等信息。

方法二：选中要清除数据的单元格后按 Delete 键。此方法只能清除单元格中的内容。

（3）数据复制和移动。

方法一：使用鼠标拖动法移动或复制数据。先选择数据区域，将鼠标指针移到被选单元格的边框上，按住鼠标左键将其拖到目的地，即可移动数据；如在拖动的同时按住 Ctrl 键，可复制数据。

方法二：利用剪贴板移动和复制数据，操作与 Word 2016 中的操作相似。

应注意的是，如果只需复制部分特性，则可单击【开始】|【剪贴板】组中的【粘贴】下拉按钮，在弹出的下拉菜单中选择相应的命令进行有选择性的复制。

（4）行、列的插入与删除。

① 插入行或列。

方法一：单击【开始】|【单元格】组中的【插入】下拉按钮，在弹出的下拉菜单中选择相应命令，即可插入行或列。

方法二：单击鼠标右键，在弹出的快捷菜单中选择【插入】命令，可插入行或列。

② 删除行或列。

方法一：选中要删除的行或列，单击【开始】|【单元格】组中的【删除】下拉按钮，在弹出的下拉菜单中选择相应的命令。

方法二：选中要删除的行或列，单击鼠标右键，在弹出的快捷菜单中选择【删除】命令。

4. 工作表格式化

（1）数字格式、小数位数等的设置。

选中待设置格式的数据区域，再按下面的方法进行操作。

方法一：单击【开始】|【数字】组中的【数字格式】下拉按钮，在弹出的下拉菜单中选择相应的命令进行设置。

方法二：单击鼠标右键，在弹出的快捷菜单中选择【设置单元格格式】命令，在打开的【设置单元格格式】对话框中进行设置。

（2）字体、对齐方式、边框、颜色等的设置。

选中待设置格式的数据区域，再按下面的方法进行操作。

方法一：单击【开始】|【字体】组中的相应按钮进行设置。

方法二：单击鼠标右键，在弹出的快捷菜单中选择【设置单元格格式】命令，在打开的【设置单元格格式】对话框中进行设置。

（3）行高、列宽的设置。

选中待调整行高、列宽的行或者列，再用下面的方法进行设置。

方法一：单击【开始】|【单元格】组中的【格式】按钮，在弹出的下拉菜单中选择相应的命令进行设置。

方法二：将鼠标指针指向两行（列）的中间，当鼠标指针变成双向箭头的形状时，按住鼠标左键并拖动鼠标。

（4）条件格式化。

选中数据区域，单击【开始】|【样式】组中的【条件格式】按钮，在弹出的下拉菜单中选择相应的命令进行设置。

5. 工作表管理

（1）工作表重命名。

方法一：双击需重命名的工作表标签，直接输入新的名称，按 Enter 键确定。

方法二：在需重命名的工作表标签上单击鼠标右键，在弹出的快捷菜单中选择【重命名】命令，输入新的名称，按 Enter 键确定。

（2）插入工作表。

方法一：单击工作表标签右边的【插入工作表】图标按钮 。

方法二：单击【开始】|【单元格】组中的【插入】下拉按钮，在弹出的下拉菜单中选择【插入工作表】命令。

方法三：在弹出的快捷菜单中选择【插入】命令，在打开的【插入】对话框中选择【工作表】，单击【确定】按钮。

（3）删除工作表。

方法一：单击要删除的工作表的标签，单击【开始】|【单元格】组中的【删除】下拉按钮，在弹出的下拉菜单中选择【删除工作表】命令。

方法二：在需删除的工作表标签上单击鼠标右键，在弹出的快捷菜单中选择【删除】命令。

（4）移动、复制工作表。

方法一：将鼠标指针指向要移动的工作表标签，将工作表标签拖到目标位置，可移动工作表。若在拖动的同时按住 Ctrl 键，可复制工作表。

方法二：在要移动的工作表标签上单击鼠标右键，在弹出的快捷菜单中选择【移动或复制】命令。

三、实验内容与实验过程

1. 工作簿的创建和工作表的编辑

（1）创建工作簿，在 Sheet1 工作表中输入图 7-1 所示的数据，将工作簿以"期末考试成绩表.xlsx"为名保存到 D 盘中。

① 单击【开始】按钮，在弹出的【开始】菜单中选择 Excel 命令（也可用其他方法启动）。

② 在 Sheet1 工作表的相应单元格中输入图 7-1 所示的数据。

图 7-1　Sheet1 中的数据

③ 选择【文件】|【保存】命令（也可单击快速访问工具栏中的【保存】图标按钮🖫），单击【浏览】按钮，在打开的【另存为】对话框中设置保存位置为 D 盘，在【文件名】下拉列表框中输入文件名"期末考试成绩表"，然后单击【保存】按钮。

（2）在"姓名"列左边插入新列，列标题为"学号"，第一个人的学号是"0901001"，其他人的学号依次递增，学号要求采取自动填充的方式填入。

① 单击 A 列任意单元格，再单击【开始】|【单元格】组中的【插入】下拉按钮，在弹出的下拉菜单中选择【插入工作表列】命令在"姓名"列左边插入空白列。

② 在 A1 单元格内输入"学号"，在 A2 单元格内输入"'0901001"（也可先将 A2 单元格的数据类型设置成文本型，再输入"0901001"）。

③ 选择 A2 单元格，拖动 A2 单元格右下角的填充柄至 A12 单元格。

（3）将 Sheet1 工作表中所有的"林"字替换为"玲"字。

① 单击【开始】|【编辑】组中的【查找和选择】按钮，在弹出的下拉菜单中选择【替换】命令，打开【查找和替换】对话框。

② 在【查找内容】下拉列表框中输入"林"，在【替换为】下拉列表框中输入"玲"，如图 7-2 所示，单击【全部替换】按钮进行替换，然后单击【关闭】按钮关闭对话框。

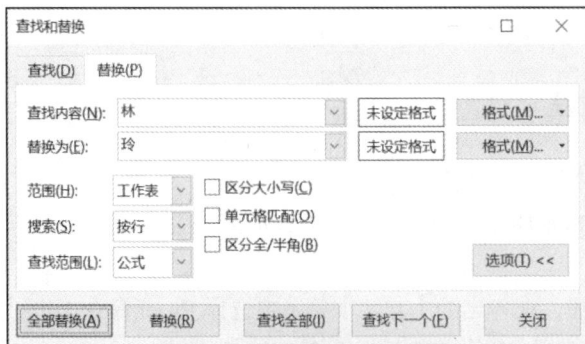

图 7-2　【查找和替换】对话框

（4）在列标题上方插入新行，作为表格的标题行，在 A1 单元格中输入标题"学生成绩表"。

① 单击第一行的任意单元格，单击【开始】|【单元格】组中的【插入】下拉按钮，在弹出的下拉菜单中选择【插入工作表行】命令在列标题行上方插入空白行。

② 在 A1 单元格内输入"学生成绩表"。

（5）将"计算机基础"列的数据移到"大学英语"列左侧。

① 选中 E2：E13 数据区域。

② 单击鼠标右键，在弹出的快捷菜单中选择【剪切】命令。

③ 选择 D2 单元格，单击鼠标右键，在弹出的快捷菜单中选择【插入剪切的单元格】命令。

（6）将 B2：E13 区域中的数据转置到 Sheet2 工作表的 A1:L4 区域中。

① 选中 B2：E13 数据区域。

② 单击鼠标右键，在弹出的快捷菜单中选择【复制】命令。

③ 单击左下角的 Sheet2 工作表标签，进入 Sheet2 工作表。单击 A1 单元格，单击鼠标右键，在弹出的快捷菜单中选择【粘贴选项】中的【转置】命令，如图 7-3 所示。

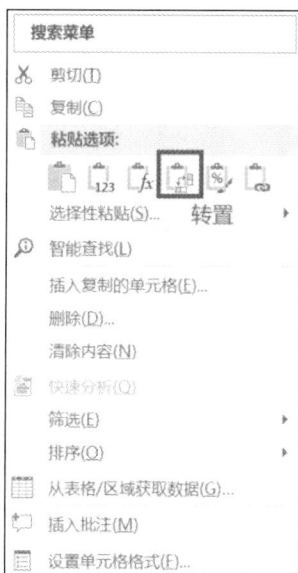

图 7-3　单元格快捷菜单

转置复制的结果如图 7-4 所示。复制和选择性粘贴操作也可以通过单击【开始】|【剪贴板】组中的相应按钮完成。

	A	B	C	D	E	F	G	H	I	J	K	L
1	姓名	陈淑婷	吴兴玲	赵明洁	聂仁光	范亚静	葛阳双	鲁先青	马应晔	潘业钊	翁志婷	吴贤云
2	高等数学	72	93	80	88	87.5	95	65	84	78	88.5	55
3	计算机基础	64.5	77	85	66.5	69	73.5	74.5	72	76	56.2	63
4	大学英语	78	90	82.5	87	79	76	68	84	53.5	89	57

图 7-4　转置复制的结果

2. 工作表格式化

对 Sheet1 工作表进行以下格式化设置。

（1）将表格标题所在行中的 A1：E1 单元格合并，设置文字格式为楷体、加粗、20 磅、蓝色、水平垂直居中、加双下画线；设置标题所在的单元格的背景色为浅绿色，图案颜色为"橙色"，图案样式为"12.5%灰色"。

① 选中 A1：E1 数据区域。

② 在【开始】|【对齐方式】组中依次单击【合并后居中】和【垂直居中】按钮。【开始】选项卡的【对齐方式】组如图 7-5 所示。

图 7-5 【开始】选项卡的【对齐方式】组

③ 在【开始】|【字体】组中单击【字体】下拉按钮，在弹出的下拉菜单中选择【楷体】；单击【字号】下拉按钮，在弹出的下拉菜单中选择【20】；单击【加粗】按钮，单击【字体颜色】下拉按钮，在弹出的下拉菜单中选择【蓝色】；单击【下划线】下拉按钮，在弹出的下拉菜单中选择【双下划线】。【开始】选项卡的【字体】组如图 7-6 所示。

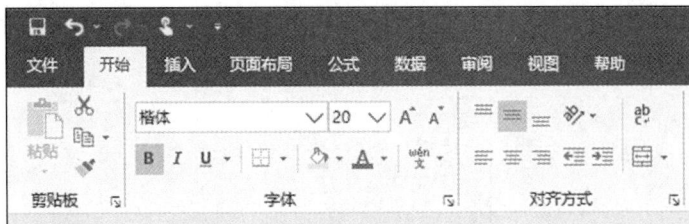

图 7-6 【开始】选项卡的【字体】组

④ 在任意位置单击鼠标右键，在弹出的快捷菜单中选择【设置单元格格式】命令，打开【设置单元格格式】对话框，切换到【填充】选项卡，如图 7-7 所示。将背景色设为浅绿色（最后 1 行第 5 个），再在【图案颜色】下拉列表中选择【橙色】，在【图案样式】下拉列表中选择【12.5%灰色】，然后单击【确定】按钮。

（2）将表格各列标题（A2：E2）的文字格式设置成隶书、加粗、16 磅、水平居中、垂直靠下。

① 选中 A2：E2 数据区域。

② 在【开始】|【对齐方式】组中依次单击【居中】和【底端对齐】按钮。

③ 在【开始】|【字体】组中单击【字体】下拉按钮，在弹出的下拉菜单中选择【隶书】，单击【字号】下拉按钮，在弹出的下拉菜单中选择【16】，单击【加粗】按钮。

请用相同的方法将每个人的学号和姓名（A3：B13）的文字格式设置成宋体、14 磅、左对齐。

（3）将各门课的成绩（C3：E13）设置成数值型、保留一位小数、14 磅、水平居中。

① 选中 C3：E13 数据区域。

② 单击【开始】|【数字】组中的【数字格式】下拉按钮，在弹出的下拉菜单中选择"数字"命令，再单击【减少小数位数】按钮，保留一位小数。【开始】选项卡的【数字】组如图 7-8 所示。

③ 单击【开始】|【字体】组中的【字号】下拉按钮，在弹出的下拉菜单中选择【14】。

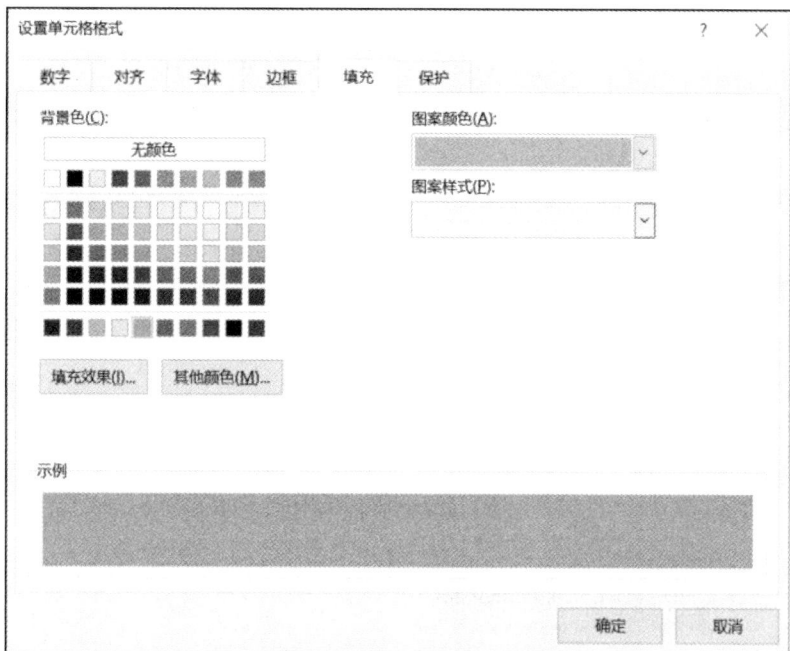

图 7-7 【设置单元格格式】对话框的【填充】选项卡

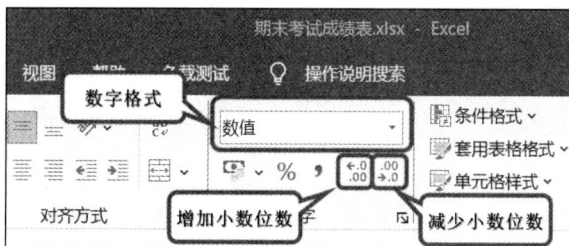

图 7-8 【开始】选项卡的【数字】组

④ 单击【开始】|【对齐方式】组中的【居中】按钮。

（4）将各列（前 5 列）宽度设置为"自动调整列宽"。

① 将鼠标指针指向列标 A，按住鼠标左键，拖动鼠标至 E 列。

② 单击【开始】|【单元格】组中的【格式】按钮，在弹出的下拉菜单中选择【自动调整列宽】命令。

（5）将表格标题行（第 1 行）行高设置为 30 磅，其他各行（第 2～第 13 行）行高设置为 22 磅。

① 单击第 1 行的任意单元格（或选中第 1 行），单击【开始】|【单元格】组中的【格式】按钮，在弹出的下拉菜单中选择【行高】命令，打开【行高】对话框。

② 在【行高】文本框中输入"30"，单击【确定】按钮，如图 7-9 所示。

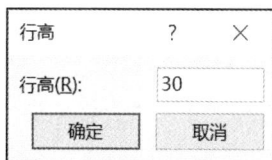

图 7-9 【行高】对话框

③ 将鼠标指针指向行号 2，按住鼠标左键，拖动鼠标至第 13 行。

④ 单击【开始】|【单元格】组中的【格式】按钮，在弹出的下拉菜单中选择【行高】命令，打开【行高】对话框，在【行高】文本框中输入"22"，单击【确定】按钮。

（6）对学生的成绩（C3：E13）设置条件格式。

① 选中 C3：E13 数据区域。

② 单击【开始】|【样式】组中的【条件格式】按钮，在弹出的下拉菜单中选择【新建规则】命令，打开【新建格式规则】对话框。

③ 在【选择规则类型】列表中选择【只为包含以下内容的单元格设置格式】。

④ 在【只为满足以下条件的单元格设置格式】的条件运算符下拉列表中选择【小于】，在条件值数值框中输入"60"，如图 7-10 所示。

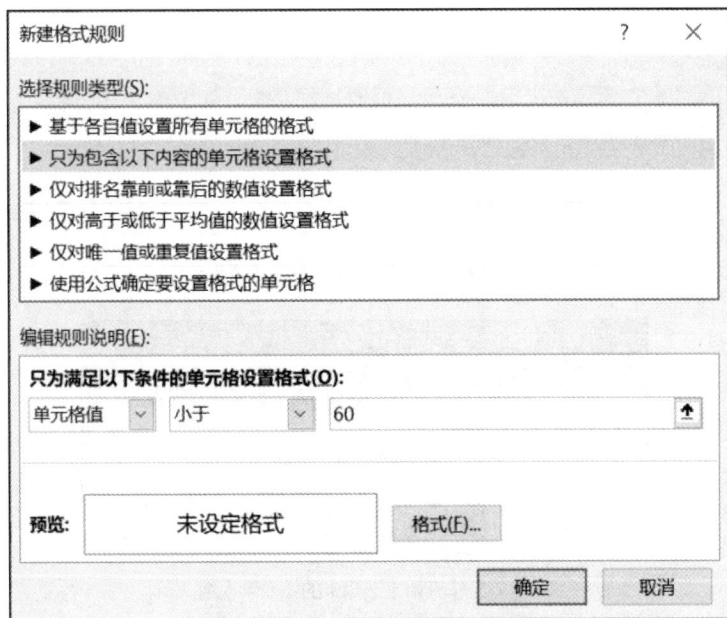

图 7-10 【新建格式规则】对话框

⑤ 单击【格式】按钮，打开【设置单元格格式】对话框，在【颜色】下拉列表中选择红色，在【字形】列表框中选择【加粗】，如图 7-11 所示，然后单击【确定】按钮。

（7）设置表格边框线：内框为最细实线、黑色，外框为最粗实线、浅蓝色。

① 选中 A2：E13 数据区域。

② 单击【开始】|【字体】组中的【下框线】下拉按钮，在弹出的下拉菜单中选择【线型】中的最细实线，然后在【边框】下拉菜单中选择【线条颜色】中的【黑色】。

③ 单击【开始】|【字体】组中的【下框线】下拉按钮，在弹出的下拉菜单中选择【其他边框】命令，打开【设置单元格格式】对话框。

④ 在【样式】中选择最细实线，设置【颜色】为【自动】，再在【预置】中选择【内部】，预览框中的效果如图 7-12 所示。

用同样的方法设置外框线：先在【样式】中选择最粗实线，设置【颜色】为浅蓝，然后在【预置】中选择【外边框】。

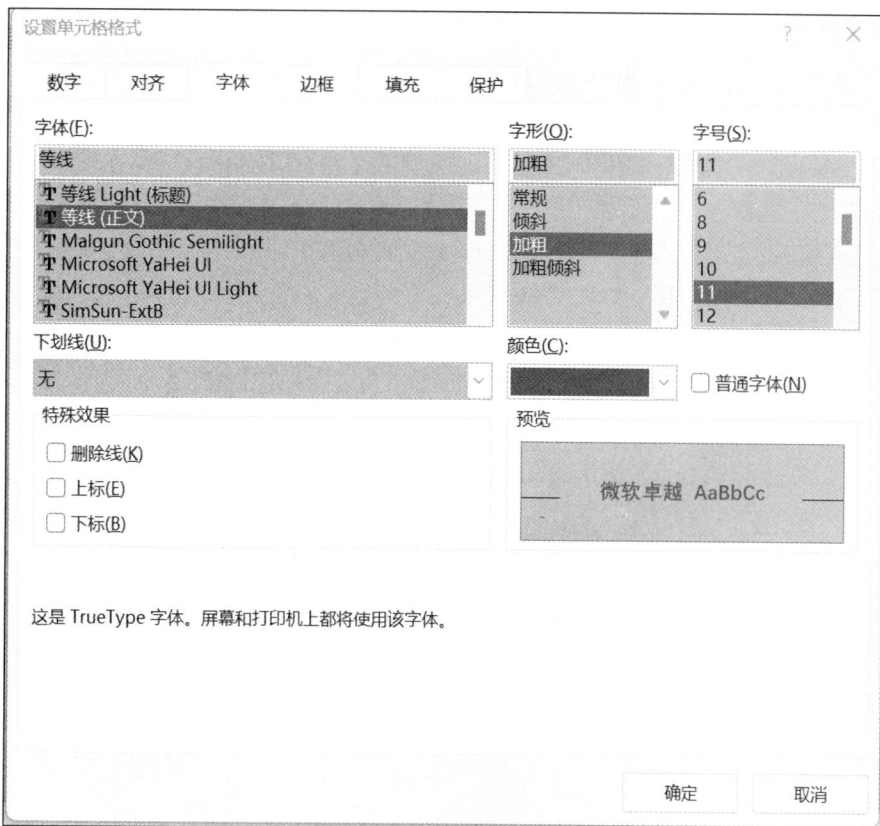

图 7-11 【设置单元格格式】对话框

图 7-12 预览效果

3. 工作表管理

（1）将工作表 Sheet1 重命名为"成绩表"。

① 在工作表标签 Sheet1 上单击鼠标右键，在弹出的快捷菜单中选择【重命名】命令（或直接双击工作表标签 Sheet1），此时工作表名反显。

② 输入新的工作表名"成绩表"，按 Enter 键确定。

（2）将"成绩表"工作表复制一份放在 Sheet3 工作表前面，并命名为"学生成绩表"。

① 在工作表标签"成绩表"上单击鼠标右键，在弹出的快捷菜单中选择【移动或复制】命令，打开【移动或复制工作表】对话框。

② 在【下列选定工作表之前】列表中选择 Sheet3，并选中【建立副本】复选框，如图 7-13 所示，然后单击【确定】按钮。

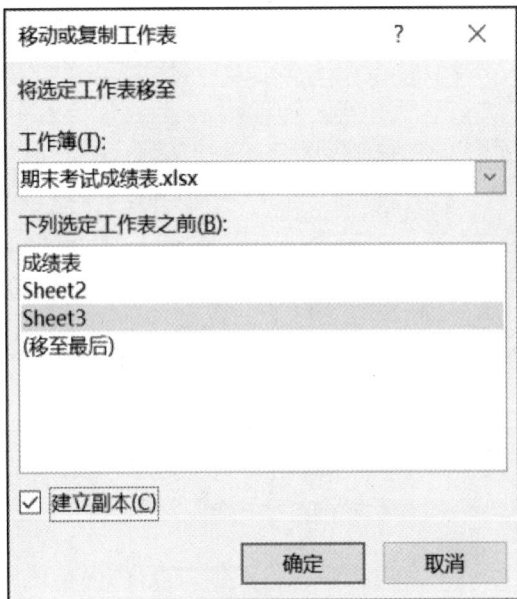

图 7-13 【移动或复制工作表】对话框

③ 将复制得到的工作表"成绩表（2）"重命名为"学生成绩表"。

也可通过按住 Ctrl 键，将工作表标签拖到目标位置来复制工作表。

（3）删除 Sheet3 工作表。

在工作表标签 Sheet3 上单击鼠标右键，在弹出的快捷菜单中选择【删除】命令，即可将 Sheet3 工作表删除。

（4）将"学生成绩表"工作表移动到"成绩表"工作表前面。

① 在工作表标签"学生成绩表"上单击鼠标右键，在弹出的快捷菜单中选择【移动或复制】命令，打开【移动或复制工作表】对话框。

② 在【下列选定工作表之前】列表中选择"成绩表"，取消选中【建立副本】复选框，然后单击【确定】按钮，结果如图 7-14 所示。也可直接将"学生成绩表"工作表标签拖动到"成绩表"工作表标签前面。

学生成绩表

学号	姓名	高等数学	计算机基础	大学英语
0901001	陈淑婷	72.0	64.5	78.0
0901002	吴兴玲	93.0	77.0	90.0
0901003	赵明洁	80.0	85.0	82.5
0901004	聂仁光	88.0	66.5	87.0
0901005	范亚静	87.5	69.0	79.0
0901006	葛阳双	95.0	73.5	76.0
0901007	鲁先青	65.0	74.5	68.0
0901008	马应晔	84.0	72.0	84.0
0901009	潘业钊	78.0	76.0	53.5
0901010	翁志婷	88.5	56.2	89.0
0901011	吴贤云	55.0	63.0	57.0

学生成绩表 | 成绩表 | Sheet2

图 7-14 移动工作表后的效果

四、巩固练习

1. 工作簿的创建和工作表的编辑

（1）创建工作簿，在 Sheet1 工作表中输入图 7-15 所示的数据，要求序号采取自动填充的方式填入，将工作簿以“职工工资表.xlsx”为名保存到 D 盘中。

序号	姓名	职务	基本工资	职务工资	奖金
1	曹平威	普通员工	800	500	1000.5
2	陈树岗	经理	2200	800	1800
3	胡健于	普通员工	900	500	700
4	胡先强	普通员工	950	500	1300
5	程刚鹏	普通员工	900	500	1400.86
6	代雷飞	经理	2100	800	1200
7	戴林林	总经理	3000	1200	2500
8	杜瑞明	普通员工	900	500	700.43
9	方小伟	普通员工	850	500	950
10	高建明	普通员工	800	500	800

Sheet1 | Sheet2 | Sheet3

图 7-15 Sheet1 中的数据

（2）将序号为 6 的职工的信息复制到第 12 行，并将第 12 行的序号值改为“11”，姓名改为“王小明”。

（3）在列标题行上方插入新行，作为表格的标题行，在 A1 单元格中输入标题“一月份工资表”。

2. 工作表格式化

（1）将表格标题行中的 A1：F1 单元格合并，将文字格式设置成黑体、加粗、20 磅、蓝色、水平居中。

（2）将表格各列标题（A2：F2）的文字格式设置成隶书、加粗、16磅，水平居中，垂直靠下。

（3）将序号、姓名和职务列（A3：C13）的文字格式设置成宋体、14磅，左对齐。

（4）将工资数据（D3：F13）设置成货币型，保留两位小数大小14磅。

（5）将各列（前6列）宽度设置为"自动调整列宽"。

（6）将表格标题行（第1行）行高设置为30磅，列标题行（第2行）行高设置为25磅，其他各行（第3～第13行）行高设置为20磅。

（7）对职工的奖金（F3：F13）设置条件格式：若奖金大于等于2000，采用红色、加粗的方式显示；若奖金小于1000，采用蓝色、加粗的方式显示。

（8）设置表格边框线：外框为最粗实线，内框为最细实线，各列标题的下框线为双实线。

3. 工作表管理

（1）将工作表Sheet1重命名为"一月份工资"。

（2）将"一月份工资"工作表复制一份放在Sheet3工作表前面，并命名为"一月份工资备份"。

（3）删除Sheet2、Sheet3工作表。

实验八　Excel 2016 公式和函数

一、实验目的

熟练掌握 Excel 2016 的公式与函数的使用方法。

二、预备知识

1. 公式

（1）公式：以"="开头，由运算数和运算符组成，用于对数据进行运算。

（2）运算符：包括数学运算符、文本运算符、比较运算符 3 类。

（3）运算数：包括常量、单元格引用和函数。

（4）单元格引用：包括相对引用、绝对引用和混合引用 3 种。

（5）公式输入方法：在单元格中直接输入，如"=A3+B3"。

2. 函数

（1）函数基本形式：函数名（参数 1，参数 2……）。

① 函数名表示函数的功能。

② 参数是函数运算的对象，可以是常量、单元格、数据区域、公式或函数，参数的形式和多少因不同函数而异。如函数"SUM(B2:E2)"是求 B2:E2 区域内数据之和，与公式"B2+C2+D2+E2"的作用相同。

（2）函数输入方法有以下两种。

方法一：直接输入法。如在 F2 单元格中输入"=SUM（B2:E2）"，可求出 B2:E2 区域内数据之和，结果放在 F2 单元格中。

方法二：粘贴函数法。单击【开始】|【编辑】组中的【求和】下拉按钮 **Σ** ，在弹出的下拉菜单中选择相应的函数。

3. 多工作表数据的引用

引用其他工作表中的单元格的方法：工作表名称+!+单元格引用。例如，要在 Sheet1 工作表中引用 Sheet2 工作表中 B1 单元格的数据，可以表示为 Sheet2!B1。

三、实验内容与实验过程

"成绩表"工作簿中有"成绩统计"工作表（见图 8-1）和"计算机基础成绩"工作表（见图 8-2），请完成以下操作。

1. 公式的应用

根据"计算机基础成绩"工作表中的数据，计算"成绩统计"工作表中"计算机基础"的成绩（计算公式：计算机基础成绩=平时成绩×0.3+考试成绩×0.7）。

	A	B	C	D	E	F	G	H
1	学号	姓名	高等数学	大学英语	计算机基础	总分	平均分	总评
2	0901001	陈淑婷	72	78				
3	0901002	吴兴玲	93	90				
4	0901003	赵明洁	80	83				
5	0901004	聂仁光	88	87				
6	0901005	范亚静	88	79				
7	0901006	葛阳双	95	76				
8	0901007	鲁先青	65	68				
9	0901008	马应晔	84	84				
10	0901009	潘业钊	78	54				
11	0901010	翁志婷	89	89				
12	0901011	吴贤云	55	57				
13	及格率							
14								

成绩统计　计算机基础成绩

图 8-1 “成绩统计”工作表

	A	B	C	D	E	F	G	H
1	比例		0.3	0.7				
2	学号	姓名	平时成绩	考试成绩				
3	0901001	陈淑婷	60	70				
4	0901002	吴兴玲	80	84				
5	0901003	赵明洁	95	93				
6	0901004	聂仁光	75	63				
7	0901005	范亚静	60	72				
8	0901006	葛阳双	80	60				
9	0901007	鲁先青	88	91				
10	0901008	马应晔	85	80				
11	0901009	潘业钊	80	79				
12	0901010	翁志婷	70	40				
13	0901011	吴贤云	75	56				

成绩统计　计算机基础成绩

图 8-2 “计算机基础成绩”工作表

（1）在“成绩统计”工作表的 E2 单元格中输入公式“=计算机基础成绩!C3*计算机基础成绩!$C$1+计算机基础成绩!D3*计算机基础成绩!$D$1”。也可单击“成绩统计”工作表的 E2 单元格，输入“=”，单击工作表标签“计算机基础成绩”，切换到“计算机基础成绩”工作表；单击 C3 单元格，输入乘号（*），单击 C1 单元格，输入加号（+），单击 D3 单元格，输入乘号（*），单击 D1 单元格，在编辑栏中将相对引用“C1”和“D1”改成绝对引用“$C$1”和“$D$1”。

（2）单击编辑栏中的√图标按钮或按 Enter 键，切换回“成绩统计”工作表。

（3）选中 E2 单元格，拖动右下角的填充柄至 E12 单元格，计算出每个人的计算机基础成绩。计算结果如图 8-3 所示。

2. 求和函数的应用

利用求和函数 SUM 求出每个学生的总分。

（1）在“成绩统计”工作表的 F2 单元格中输入公式“=SUM(C2:E2)”。也可单击 F2 单元格，再单击【开始】|【编辑】组中的【求和】图标按钮Σ。

（2）单击编辑栏中的√图标按钮或按 Enter 键确认。

图 8-3　计算机基础成绩计算结果

（3）单击 F2 单元格，拖动右下角的填充柄至 F12 单元格，计算出每个学生的总分。计算结果如图 8-4 所示。

图 8-4　总分计算结果

3. 求平均值函数的应用

利用求平均值函数 AVERAGE 求出每个学生的平均分。

（1）在"成绩统计"工作表的 G2 单元格中输入公式"=AVERAGE(C2:E2)"。也可单击 G2 单元格，再单击【开始】|【编辑】组中的【求和】下拉按钮，在弹出的下拉菜单中选择【平均值】命令，如图 8-5 所示，再将计算区域改为 C2:E2。

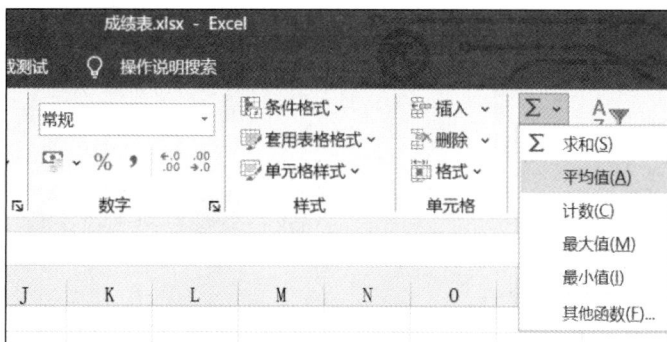

图 8-5　选择【平均值】命令

（2）单击编辑栏中的√图标按钮或按 Enter 键确认。

（3）单击 G2 单元格，拖动右下角的填充柄至 G12 单元格，求出每个学生的平均分。

4. 计数函数 COUNT 和条件计数函数 COUNTIF 的应用

利用 COUNT、COUNTIF 函数计算每门课程的及格率。

（1）在"成绩统计"工作表的 C13 单元格中输入公式"=COUNTIF(C2:C12,">=60")/COUNT (C2:C12)"。也可以单击 f_x 图标按钮，利用【插入函数】对话框输入公式。单击编辑栏中的√图标按钮或按 Enter 键确认。

（2）单击 C13 单元格，拖动右下角的填充柄至 E13 单元格，求出每门课程的及格率。设置 C13、D13、E13 单元格格式为百分比样式，结果如图 8-6 所示。

C13			f_x	=COUNTIF(C2:C12,">=60")/COUNT(C2:C12)				
▲	A	B	C	D	E	F	G	H	I
1	学号	姓名	高等数学	大学英语	计算机基础	总分	平均分	总评	
2	0901001	陈淑婷	72	78	67	217	72.33		
3	0901002	吴兴林	93	90	82.8	265.8	88.6		
4	0901003	赵明洁	80	83	93.6	256.6	85.53		
5	0901004	聂仁光	88	87	66.6	241.6	80.53		
6	0901005	范亚静	88	79	68.4	235.4	78.47		
7	0901006	葛阳双	95	76	66	237	79		
8	0901007	鲁先青	65	68	84.7	217.7	72.57		
9	0901008	马应晔	84	84	83	251	83.67		
10	0901009	潘业钊	78	54	79.3	211.3	70.43		
11	0901010	翁志婷	89	89	49	227	75.67		
12	0901011	吴贤云	55	57	61.7	173.7	57.9		
13	及格率		90.9%	81.8%	90.9%				

图 8-6　各科及格率统计结果

5. IF 函数的应用

根据学生的平均成绩给出总评（平均成绩≥85：优秀；60≤平均成绩<85：及格；平均成绩<60：不及格）。

（1）在"成绩统计"工作表的 H2 单元格中输入公式"=IF(G2>=85,"优秀",IF(G2>=60,"及格","不及格"))"，单击编辑栏中的√按钮或按 Enter 键确认。

（2）单击 H2 单元格，拖动右下角的填充柄至 H12 单元格，得到每个学生的总评等级。操作结果如图 8-7 所示。

H2			f_x	=IF(G2>=85,"优秀",IF(G2>=60,"及格","不及格"))				
▲	A	B	C	D	E	F	G	H
1	学号	姓名	高等数学	大学英语	计算机基础	总分	平均分	总评
2	0901001	陈淑婷	72	78	67	217	72.33	及格
3	0901002	吴兴林	93	90	82.8	265.8	88.6	优秀
4	0901003	赵明洁	80	83	93.6	256.6	85.53	优秀
5	0901004	聂仁光	88	87	66.6	241.6	80.53	及格
6	0901005	范亚静	88	79	68.4	235.4	78.47	及格
7	0901006	葛阳双	95	76	66	237	79	及格
8	0901007	鲁先青	65	68	84.7	217.7	72.57	及格
9	0901008	马应晔	84	84	83	251	83.67	及格
10	0901009	潘业钊	78	54	79.3	211.3	70.43	及格
11	0901010	翁志婷	89	89	49	227	75.67	及格
12	0901011	吴贤云	55	57	61.7	173.7	57.9	不及格
13	及格率		90.9%	81.8%	90.9%			

图 8-7　总评结果

四、巩固练习

“工资表”工作簿中有“工资统计”工作表（见图 8-8）和“奖金统计”工作表（见图 8-9），请完成以下操作。

	A	B	C	D	E	F	G	H	I
1	**免税工资**	**5000**		**税率**	**0.05**				
2	姓名	职务	基本工资	职务工资	奖金	税款	应发工资	实发工资	
3	曹平威	普通员工	3000						
4	陈树岗	经理	5000						
5	胡健于	普通员工	4500						
6	胡先强	普通员工	4000						
7	程刚鹏	普通员工	4200						
8	代雷飞	经理	5200						
9	戴林林	总经理	7000						
10	杜瑞明	普通员工	3500						
11	方小伟	普通员工	3800						
12	高建明	普通员工	3300						
13	最高								
14	最低								
15	平均数								
16	税款低于100元的人交税额占总交税额的比例								
17	实发工资大于3000的人数								
18									

工资统计　奖金统计

就绪　辅助功能: 不可用

图 8-8 “工资统计”工作表

G9

	A	B	C	D	E	F	G	H
1	姓名	基本奖金	加班奖金	罚金				
2	曹平威	500	500					
3	陈树岗	1000	800					
4	胡健于	500	300	100				
5	胡先强	500	1000					
6	程刚鹏	500	900					
7	代雷飞	500	700					
8	戴林林	1500	1000					
9	杜瑞明	500	200					
10	方小伟	500	600	150				
11	高建明	500	300					
12								
13								
14								
15								
16								
17								
18								

工资统计　奖金统计

就绪　辅助功能: 不可用

图 8-9 “奖金统计”工作表

（1）利用 IF 函数计算每个人的职务工资，计算方法：若职务为“普通员工”，职务工资为 500 元；若职务为“经理”，职务工资为 800 元；若职务为“总经理”，职务工资为 1200 元。

（2）根据“奖金统计”工作表中的数据，计算“工资统计”工作表中每个人的奖金（计算公式：奖金=基本奖金+加班奖金−罚金）。

（3）利用求和函数计算应发工资（应发工资=基本工资+职务工资+奖金）

（4）利用 IF 函数计算税款，计算方法：应发工资大于免税工资的，超出部分按给定的税率征税；应发工资等于或低于免税工资的不征税（说明：免税工资和税率在工作表中已给出，计算时免税工资和税率不能使用具体数值，而要引用相应的单元格）。

（5）计算实发工资（实发工资=应发工资−税款）。

（6）计算基本工资、职务工资、奖金、税款、应发工资、实发工资的平均值。

（7）计算所有税款低于 100 元的人的交税额占总交税额的比例（计算公式为"=SUMIF(F3:F12, "<100")/SUM(F3:F12)"）。

实验九　Excel 2016 数据图表设计和数据管理

一、实验目的

（1）掌握图表的创建方法和过程。

（2）掌握图表的编辑和格式化方法。

（3）掌握数据的排序、筛选、分类汇总等操作。

二、预备知识

1. 数据图表设计

（1）创建图表。

方法一：选中数据源区域后直接按 F11 键。

方法二：单击【插入】|【图表】组中的相应按钮创建不同类型的图表。

（2）图表的编辑。

① 删除图表中的数据系列。

方法一：在图表中选中需删除的数据系列，按 Delete 键。

方法二：在图表中选中需删除的数据系列，选择快捷菜单中的【删除】命令。

方法三：选中图表，单击【图表设计】|【数据】组中的【选择数据】按钮（或在快捷菜单中选择【选择数据】命令），打开【选择数据源】对话框，在【图例项（系列）】列表中选择要删除的数据系列，再单击【删除】按钮。

② 向图表中添加数据系列。

选中图表，单击【图表设计】|【数据】组中的【选择数据】按钮（或在快捷菜单中选择【选择数据】命令），打开【选择数据源】对话框。在该对话框中单击【添加】按钮，打开【编辑数据系列】对话框，在【系列名称】文本框中输入数据系列名称，在【系列值】文本框中输入数据区域，再单击【确定】按钮。

③ 调整图表中数据系列的次序。

选中图表，单击【图表设计】|【数据】组中的【选择数据】按钮（或在快捷菜单中选择【选择数据】命令），打开【选择数据源】对话框，在其中进行相应的设置。

④ 为图表中的数据系列添加数据标签。

方法一：在图表中选中需要添加数据标签的数据系列，选择快捷菜单中的【添加数据标签】命令。

方法二：选中图表，单击【图表设计】|【图表布局】组中的【添加图表元素】按钮，在弹出的下拉菜单中选择【数据标签】中的相应命令。

⑤ 为图表、坐标轴添加标题。

选中图表，单击【图表设计】|【图表布局】组中的【添加图表元素】按钮，在弹出的下拉菜单中选择【图表标题】或【坐标轴标题】中的命令来添加图表标题或坐标轴标题。

⑥ 调整图表的位置、大小。

选中图表后，拖动图表空白处可移动图表；拖动图表边框的控制句柄可调整图表的大小。

（3）图表格式化。

方法一：在要设置格式的图表对象上单击鼠标右键，在弹出的快捷菜单中选择相应的格式设置命令，打开相应的格式设置对话框，在其中进行设置。

方法二：双击要设置格式的图表对象，打开相应的格式设置对话框，在其中进行格式设置。

方法三：单击要设置格式的图表对象，再单击【格式】选项卡中的相应按钮进行设置。

2. **数据管理**

（1）数据排序。

① 简单排序：只能按一个关键字进行升序或降序排列。

方法一：单击排序依据列中任意单元格，再单击【数据】|【排序和筛选】组中的【升序】按钮处↓或【降序】按钮私↓。

方法二：单击排序依据列中任意单元格，再单击【开始】|【编辑】组中的【排序和筛选】按钮，在弹出的下拉菜单中选择【升序】或【降序】命令。

方法三：在快捷菜单的【排序】中选择【升序】或【降序】命令。

② 复杂排序：可以按多个关键字进行升序或降序排列。

方法一：单击数据区域内的任意单元格，再单击【数据】|【排序和筛选】组中的【排序】按钮，打开【排序】对话框，按需要进行设置。

方法二：单击数据区域内的任意单元格，再单击【开始】|【编辑】组中的【排序和筛选】按钮，在弹出的下拉菜单中选择【自定义排序】命令，打开【排序】对话框，按需要进行设置。

方法三：选择快捷菜单中的【排序】|【自定义排序】命令，打开【排序】对话框，按需要进行设置。

（2）自动筛选和高级筛选。

① 自动筛选：只能按单个列条件进行筛选，或按多个列条件的逻辑"与"关系进行筛选。

方法一：单击数据区域内的任意单元格，再单击【数据】|【排序和筛选】组中的【筛选】按钮，这时工作表的各字段名旁会显示下拉按钮，在下拉列表中选择或设置筛选条件。

方法二：单击数据区域内的任意单元格，再单击【开始】|【编辑】组中的【排序和筛选】按钮，在弹出的下拉菜单中选择【筛选】命令，这时工作表的各字段名旁会显示下拉按钮，在下拉列表中选择或设置筛选条件。

② 高级筛选：按多个列条件的逻辑"与"或者"或"关系进行筛选。方法是先建立筛选条件区域，然后单击【数据】|【排序和筛选】组中的【高级】按钮，打开【高级筛选】对话框，在对话框中进行相应设置。

（3）数据的分类汇总。

① 分类汇总的作用：根据指定的关键字进行分类统计，从而对数据清单上的数据进行分析。

② 分类汇总的方法：按要进行分类汇总的关键字进行排序，单击【数据】|【分级显示】组中的【分类汇总】按钮，打开【分类汇总】对话框，在其中进行相应设置。

③ 嵌套汇总：指对同一批数据按不同的方式进行多次分类汇总，且后一次分类汇总是在前面的基础上进行的。操作嵌套汇总的多次分类汇总时，每次分类汇总方法同②，但从第二次分类汇总开始，需要取消选中【分类汇总】对话框中的【替换当前分类汇总】复选框。

三、实验内容与实验过程

"学生成绩表"工作簿中有"成绩表 1"～"成绩表 4"4 张工作表，4 张工作表的数据相同，"成绩表 1"工作表如图 9-1 所示，完成以下操作。

	A	B	C	D	E	F	G	H
1	学号	姓名	专业	性别	高等数学	大学英语	计算机基础	平均分
2	0901001	陈淑婷	计算机	女	72	78	65	72
3	0901002	吴兴玲	计算机	女	93	90	77	87
4	0901003	赵明洁	自动化	男	80	83	85	83
5	0901004	聂仁光	自动化	男	88	87	67	81
6	0901005	范亚静	计算机	女	88	79	69	79
7	0901006	葛阳双	自动化	男	95	76	74	82
8	0901007	鲁先青	计算机	男	65	68	75	69
9	0901008	马应晔	自动化	男	84	84	72	80
10	0901009	潘业钊	计算机	男	78	54	76	69
11	0901010	翁志婷	自动化	女	89	89	57	78
12	0901011	吴贤云	自动化	女	55	57	63	58
13								
14								

图 9-1　"成绩表 1"工作表

以下操作在"成绩表 1"工作表中完成。

1. 图表创建

在"成绩表 1"工作表中选择"姓名""高等数学""大学英语"和"平均分"列创建簇状柱形图图表。

（1）打开"学生成绩表"工作簿，选择"成绩表 1"工作表。

（2）选择"姓名""高等数学""大学英语"和"平均分"4 列数据（选取数据区域的方法：先选取 B1:B12 区域，按住 Ctrl 键，再依次选取 E1:F12 和 H1:H12 区域）。

（3）单击【插入】|【图表】组中的 图标按钮，在图 9-2 所示的下拉菜单中选择【簇状柱形图】，生成的图表如图 9-3 所示。

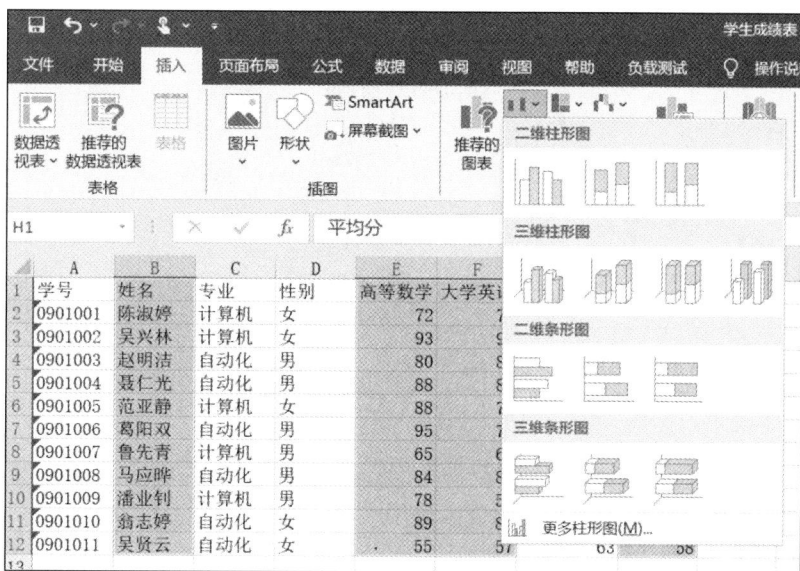

图 9-2　插入图表

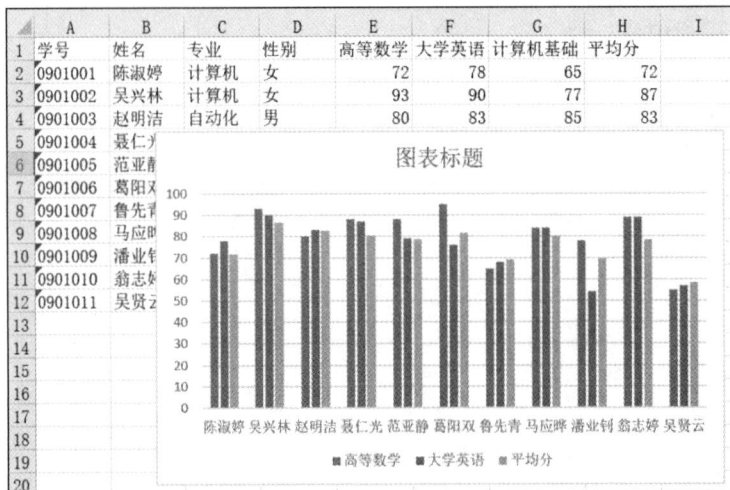

图 9-3　图表创建结果

2. 图表编辑

（1）移动图表并调整图表大小。

① 拖动图表，使图表区边框的左上角与 A14 单元格的左上角对齐。

② 将鼠标指针指向右下角的控制句柄，当鼠标指针变成双向箭头时，按住鼠标左键拖动鼠标，使图表区边框的右下角与 H24 单元格的右下角对齐，释放鼠标。

（2）将平均分数据系列从图表中删除。

选择平均分数据系列，按 Delete 键即可将其从图表中删除，工作表中的数据不会受影响。

（3）把"计算机基础"列的数据添加到图表中。

① 在图表区单击鼠标右键，在弹出的快捷菜单中选择【选择数据】命令，打开【选择数据源】对话框，如图 9-4 所示。

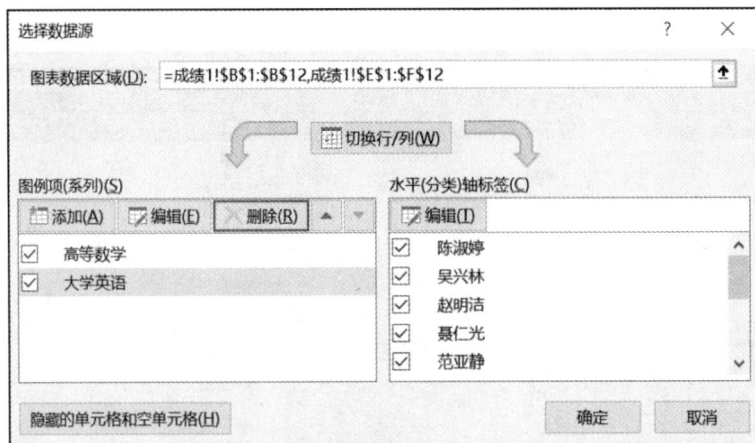

图 9-4　【选择数据源】对话框

② 单击【添加】按钮，打开【编辑数据系列】对话框，单击【系列名称】文本框中的【拾取】图标按钮⬆，选择 G1 单元格；单击【系列值】文本框中的【拾取】图标按钮⬆，选择 G2:G12 区域，如图 9-5 所示。

③ 单击【确定】按钮，返回【选择数据源】对话框，再单击【确定】按钮，操作完成。

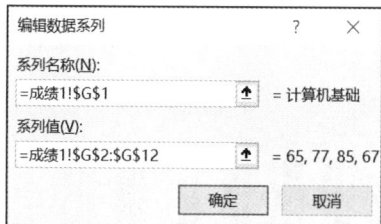

图 9-5 【编辑数据系列】对话框

（4）将图表中"大学英语"数据系列移到"高等数学"数据系列的左侧。

① 在图表区单击鼠标右键，在弹出的快捷菜单中选择【选择数据】命令，打开【选择数据源】对话框。

② 在【图例项（系列）】列表中选中"大学英语"，再单击【上移】按钮，将大学英语移到高等数学上方，然后单击【确定】按钮。

（5）为图表中"大学英语"数据系列添加数据标签，用以显示分数。

在图表中的"大学英语"数据系列上单击鼠标右键，在弹出的快捷菜单中选择【添加数据标签】命令。

（6）在图表上方添加标题"成绩表"，在横坐标轴下方添加标题"姓名"，在纵坐标轴左边添加标题"分数"。

① 单击图表区，再单击【图表设计】|【图表布局】组中的【添加图表元素】按钮，弹出图 9-6 所示的下拉菜单。

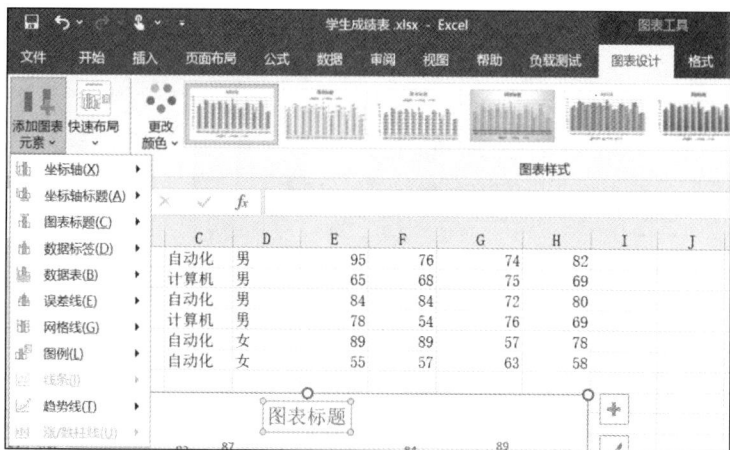

图 9-6　【添加图表元素】下拉菜单

② 在弹出的下拉菜单中选择【图表标题】|【图表上方】命令，在标题区输入"成绩表"。

添加横坐标轴标题和纵坐标轴标题的方法与添加图表标题的方法相似。图表编辑结果如图 9-7 所示。

3. 图表格式化

（1）将图表区的文字大小设置为 9 磅，并添加 1.5 磅的红色圆角实线边框。

① 单击图表区，再单击【开始】|【字体】组中的【字号】下拉按钮，在弹出的下拉菜单中选择【9】。

② 在图表区空白处单击鼠标右键，在弹出的快捷菜单中选择【设置图表区域格式】命令，工作区右侧显示【设置图表区格式】窗格。

| 12 | 0901011 | 吴贤云 | 自动化 | 女 | | 55 | 57 | 63 | 58 |

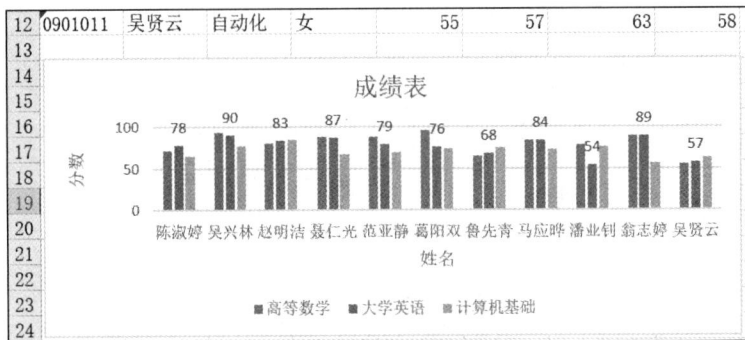

图 9-7　图表编辑结果

③ 展开【边框】，在【颜色】下拉列表中选择红色，设置【宽度】为 1.5 磅，如图 9-8 所示。

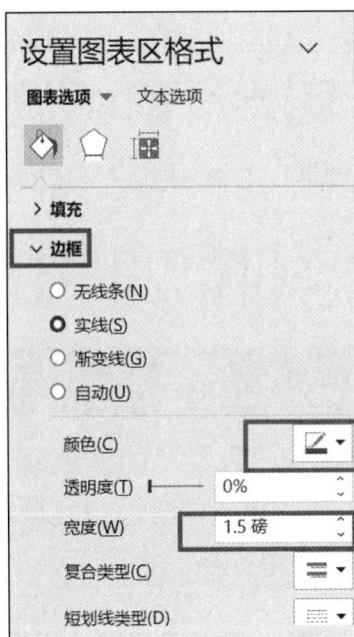

图 9-8　【设置图表区格式】窗格

④ 关闭【设置图表区格式】窗格。

（2）将图表标题"成绩表"字号设置为 14 磅，将横坐标轴标题"姓名"及纵坐标轴标题"分数"字号设置为 10 磅。

① 单击图表标题"成绩表"，单击【开始】|【字体】组中的【字号】下拉按钮，在弹出的下拉菜单中选择【14】。

② 使用相同的方法将横坐标轴标题"姓名"及纵坐标轴标题"分数"的字号设置为 10 磅。

（3）将纵坐标轴的主要刻度单位改为 20，将横坐标轴的文字方向设为-15°。

① 在纵坐标轴上单击鼠标右键，在弹出的快捷菜单中选择【设置坐标轴格式】命令，工作区右侧显示【设置坐标轴格式】窗格，在【坐标轴选项】下的【单位】中设置大的值为 20，如图 9-9（a）所示。

② 在横坐标轴上单击鼠标右键，在工作区右边的【设置坐标轴格式】窗格中对横坐标轴进行设置。单击【大小与属性】标签，设置【自定义角度】为-15°，如图 9-9（b）所示。

③ 关闭【设置坐标轴格式】窗格，设置完成后图表效果如图 9-10 所示。

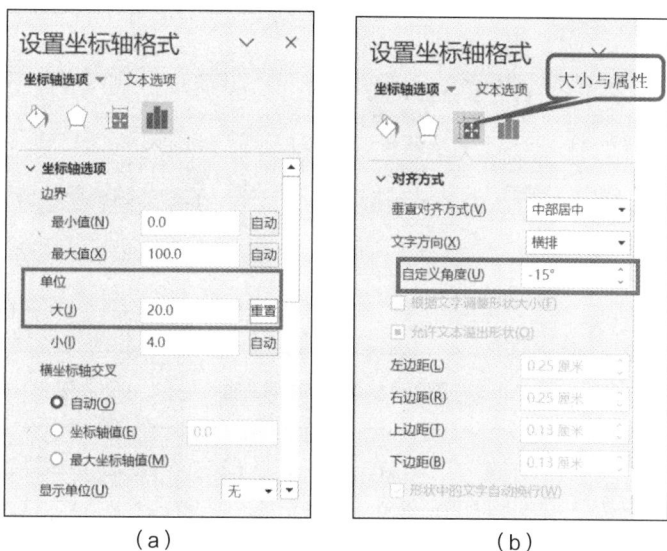

（a）　　　　　　　　　　　（b）

图 9-9　【设置坐标轴格式】窗格

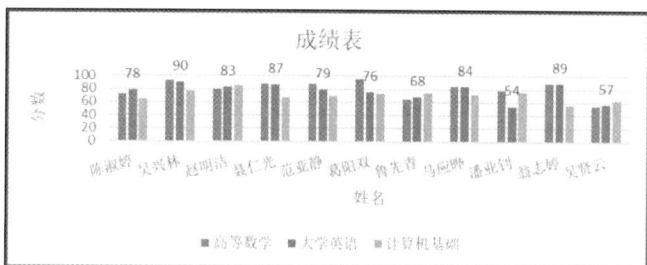

图 9-10　成绩表效果

以下操作分别在"成绩表 2"～"成绩表 4"工作表中完成。

4. 数据排序

对"成绩表 2"工作表中的数据按专业升序排列，专业相同时按性别升序排列，专业、性别都相同时按平均分降序排列。

（1）选择"成绩表 2"工作表，再选中待排序的数据区域 A1:H12。

（2）单击【数据】|【排序和筛选】组中的【排序】按钮，打开【排序】对话框，在【列】|【排序依据】下拉列表中选择【专业】，在右边的【排序依据】下拉列表中选择【单元格值】，在【次序】下拉列表中选择【升序】。

（3）单击【添加条件】按钮，在【次要关键字】下拉列表中选择【性别】，在右边的【排序依据】下拉列表中选择【单元格值】，在【次序】下拉列表中选择【升序】。

（4）再次单击【添加条件】按钮，在新增的【次要关键字】下拉列表中选择【平均分】，在右边的【排序依据】下拉列表中选择【单元格值】，在【次序】下拉列表中选择【降序】，如图 9-11 所示。

（5）单击【确定】按钮，排序完成，结果如图 9-12 所示。

5. 自动筛选

在"成绩表 2"工作表中筛选出自动化专业平均分大于等于 80 且小于 90 的记录。

（1）选中 A1:H12 数据区域内的任意单元格，单击【数据】|【排序和筛选】组中的【筛选】按钮。

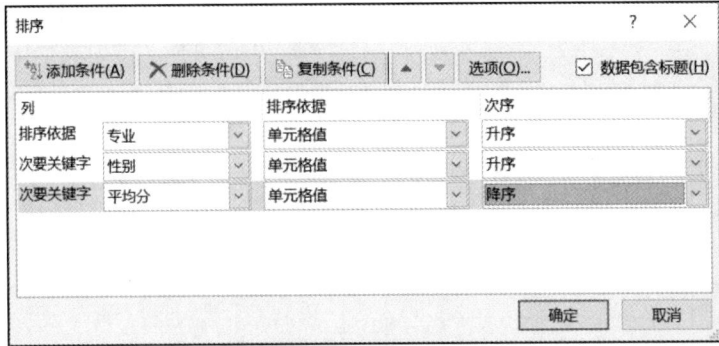

图9-11 【排序】对话框

图 9-12　排序结果

（2）在【专业】下拉列表中取消选中【计算机】，只选中【自动化】。

（3）在【平均分】下拉列表中选择【数字筛选】|【自定义筛选】，打开【自定义自动筛选】对话框。在对话框第一行左边的下拉列表中选择【大于或等于】，在其右边输入"80"；选择【与】单选按钮；在第二行左边的下拉列表中选择【小于】，在其右边输入"90"，如图9-13所示。

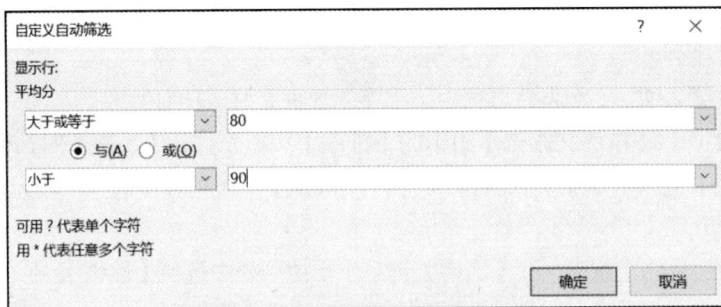

图 9-13 【自定义自动筛选】对话框

（4）单击【确定】按钮，自动筛选完成，结果如图9-14所示。

6. 高级筛选

在"成绩表3"工作表中筛选出所有高等数学成绩大于等于80且大学英语成绩大于等于85或计算机基础成绩大于等于85的数据记录，要求条件写在以J1单元格为左上角的数据区域，高等数学成绩需满足的条件写在J列，大学英语成绩需满足的条件写在K列，计算机基础成绩需满足的条件写在L列。筛选的结果放在以A15单元格为左上角的数据区域中。

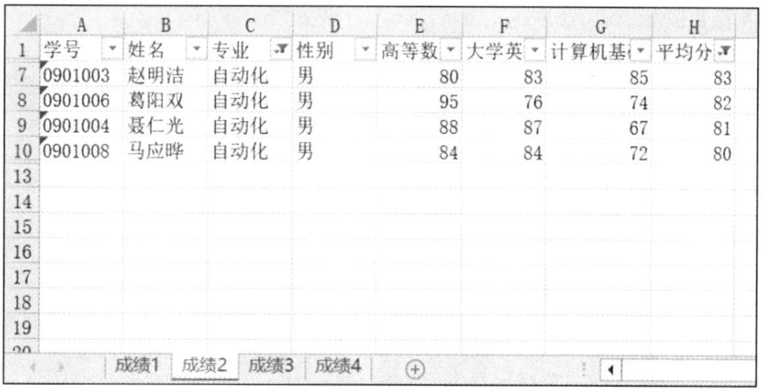
A B C D E F G H
1 学号 姓名 专业 性别 高等数 大学英 计算机基 平均分
7 0901003 赵明洁 自动化 男 80 83 85 83
8 0901006 葛阳双 自动化 男 95 76 74 82
9 0901004 聂仁光 自动化 男 88 87 67 81
10 0901008 马应晔 自动化 男 84 84 72 80
13
14
15
16
17
18
19
成绩1 成绩2 成绩3 成绩4

图 9-14　自动筛选结果

（1）选择“成绩表 3”工作表，在 J1:L3 区域内输入筛选条件，如图 9-15 所示。

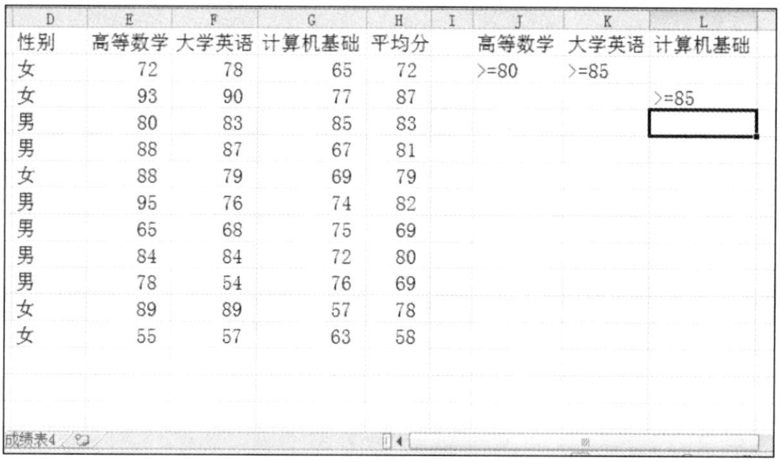
D E F G H I J K L
性别 高等数学 大学英语 计算机基础 平均分 高等数学 大学英语 计算机基础
女 72 78 65 72 >=80 >=85
女 93 90 77 87 >=85
男 80 83 85 83
男 88 87 67 81
女 88 79 69 79
男 95 76 74 82
男 65 68 75 69
男 84 84 72 80
男 78 54 76 69
女 89 89 57 78
女 55 57 63 58
成绩表4

图 9-15　高级筛选条件设置

（2）单击【数据】|【排序和筛选】组中的【高级】按钮，打开【高级筛选】对话框。选择【将筛选结果复制到其他位置】单选按钮，在【列表区域】文本框中输入“$A$1:$H$12”,【条件区域】文本框中输入“$J$1:$L$3”,【复制到】文本框中输入“$A$15:$H$15”，如图 9-16 所示。

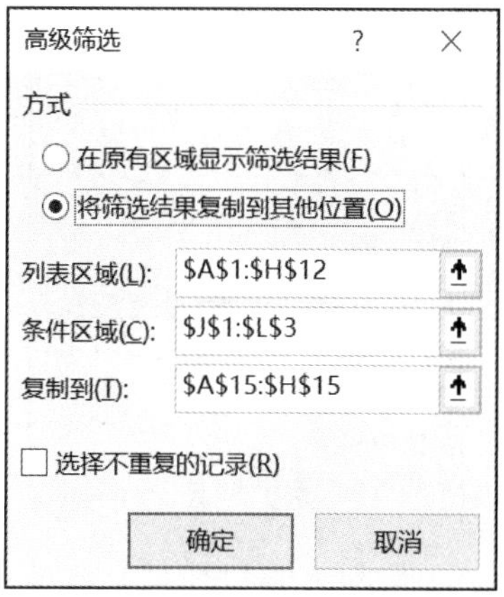
高级筛选
方式
在原有区域显示筛选结果(F)
将筛选结果复制到其他位置(O)
列表区域(L): $A$1:$H$12
条件区域(C): $J$1:$L$3
复制到(T): $A$15:$H$15
选择不重复的记录(R)
确定
取消

图 9-16 【高级筛选】对话框

（3）单击【确定】按钮，高级筛选完成，筛选结果如图9-17所示。

	学号	姓名	专业	性别	高等数学	大学英语	计算机基础	平均分		高等数学	大学英语	计算机基础
1										>=80	>=85	
2	0901001	陈淑婷	计算机	女	72	78	65	72				>=85
3	0901002	吴兴玲	计算机	女	93	90	77	87				
4	0901003	赵明洁	自动化	男	80	83	85	83				
5	0901004	聂仁光	自动化	男	88	87	67	81				
6	0901005	范亚静	计算机	女	88	79	69	79				
7	0901006	葛阳双	自动化	男	95	76	74	82				
8	0901007	鲁先青	计算机	男	65	68	75	69				
9	0901008	马应晔	自动化	男	84	84	72	80				
10	0901009	潘业钊	计算机	男	78	54	76	69				
11	0901010	翁志婷	自动化	女	89	89	57	78				
12	0901011	吴贤云	自动化	女	55	57	63	58				
13												
14												
15	学号	姓名	专业	性别	高等数学	大学英语	计算机基础	平均分				
16	0901002	吴兴玲	计算机	女	93	90	77	87				
17	0901003	赵明洁	自动化	男	80	83	85	83				
18	0901004	聂仁光	自动化	男	88	87	67	81				
19	0901010	翁志婷	自动化	女	89	89	57	78				
20												

成绩表1 成绩表2 成绩表3 成绩表4

图9-17 高级筛选结果

7. 数据的分类汇总

在"成绩表4"工作表中用分类汇总的方式分别计算各个专业男生和女生的各科平均分。

（1）选择"成绩表4"工作表。

（2）参照"4.数据排序"中的操作方法按专业的升序进行排列，专业相同时按性别的升序排列。

（3）单击 A1:H12 区域内的任意单元格，再单击【数据】|【分级显示】组中的【分类汇总】按钮，打开【分类汇总】对话框。

（4）在【分类字段】下拉列表中选择【专业】，【汇总方式】下拉列表中选择【平均值】，【选定汇总项】中选中【高等数学】、【大学英语】、【计算机基础】复选框，如图9-18所示。单击【确定】按钮。

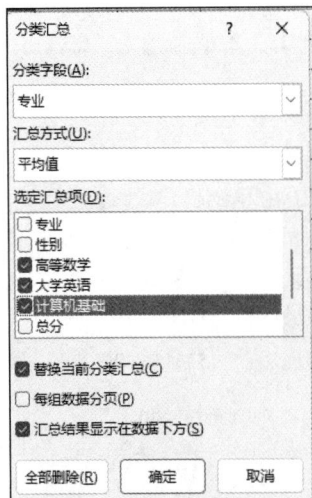

图9-18 【分类汇总】对话框

（5）再次单击【数据】|【分级显示】组中的【分类汇总】按钮，打开【分类汇总】对话框。在【分类字段】下拉列表中选择【性别】，【汇总方式】下拉列表中选择【平均值】，【选定汇总项】中选中【高等数学】、【大学英语】、【计算机基础】复选框，取消选中【替换当前分类汇总】复选框，然后单击【确定】按钮。分类汇总结果如图 9-19 所示。

	A	B	C	D	E	F	G	H
1	学号	姓名	专业	性别	高等数学	大学英语	计算机基础	平均分
2	0901007	鲁先青	计算机	男	65	68	75	69
3	0901009	潘业钊	计算机	男	78	54	76	69
4				男 平均值	72	61	76	
5	0901001	陈淑婷	计算机	女	72	78	65	72
6	0901002	吴兴玲	计算机	女	93	90	77	87
7	0901005	范亚静	计算机	女	88	79	69	79
8				女 平均值	84	82	70	
9			计算机 平均值		79	74	72	
10	0901003	赵明洁	自动化	男	80	83	85	83
11	0901004	聂仁光	自动化	男	88	87	67	81
12	0901006	葛阳双	自动化	男	95	76	74	82
13	0901008	马应晔	自动化	男	84	84	72	80
14				男 平均值	87	83	75	
15	0901010	翁志婷	自动化	女	89	89	57	78
16	0901011	吴贤云	自动化	女	55	57	63	58
17				女 平均值	72	73	60	
18			自动化 平均值		82	79	70	
19			总计平均值		81	77	71	

成绩表1　成绩表2　成绩表3　成绩表4

图 9-19　分类汇总结果

四、巩固练习

"电脑销售统计表"工作簿中有工作表"销售汇总""销售表 1""销售表 2""销售表 3"，"销售汇总"工作表中的数据如图 9-20 所示，"销售表 1"工作表中的数据如图 9-21 所示，"销售表 1"～"销售表 3" 3 张工作表的数据相同，完成以下操作。

1．图表设计（以下操作在"销售汇总"工作表中完成）

（1）创建图表：在"销售汇总"工作表中根据已有数据创建簇状柱形图。

（2）图表的编辑。

① 在 E 列计算各区县月平均销售量（不保留小数），列标题为"月平均"，然后把月平均列的数据添加到图表中。

② 将图表中月平均数据系列移到一月数据系列的左侧。

③ 为图表中的月平均数据系列添加数据标签，用以显示月平均销售量。

④ 在图表上方添加图表标题"一季度销售统计表"，横坐标轴下方添加标题"区县名"，纵坐标轴左侧添加竖排标题"销售量"。

⑤ 移动图表并调整其大小，使其恰好覆盖 A12:G31 区域。

（3）图表格式化。

① 将图表区的文字大小设置为 10 磅，边框设为 1.5 磅实线、蓝色，并带浅绿色阴影。

② 将图表标题"一季度销售统计表"的文字格式设置为 12 磅、红色；将横坐标轴标题"区县

名"及纵坐标轴标题"销售量"的文字大小设置为 9 磅，颜色设置为 RGB（200，10，200）。

③ 将图例的文字大小改为 9 磅，添加 1 磅绿色实线边框，带橙色阴影，并将图例移到图表区的上方。

④ 将纵坐标轴的主要刻度单位改为 15，文字大小设置为 8 磅；将横坐标轴的文字大小设置为 8 磅。

	A	B	C	D	E	F
1	黄山市各区县一季度主要品牌笔记本电脑销售统计表					
2	区县名	一月	二月	三月		
3	黄山区	78	97	80		
4	徽州区	85	107	76		
5	祁门县	75	96	73		
6	屯溪区	107	147	99		
7	歙县	86	110	84		
8	休宁县	82	107	84		
9	黟县	72	96	77		
10						
11						
12						

销售汇总 / 销售表1 / 销售表2 / 销售表3

图 9-20 "销售汇总"工作表

	A	B	C	D	E	F	G	H
1	黄山市各区县一季度主要品牌笔记本电脑销售统计表							
2	区县名	电脑品牌	一月	二月	三月	总计		
3	屯溪区	联想	43	65	41	149		
4	徽州区	联想	34	45	30	109		
5	黄山区	联想	28	40	31	99		
6	休宁县	联想	35	50	32	117		
7	祁门县	联想	30	44	28	102		
8	黟县	联想	32	46	34	112		
9	歙县	联想	38	54	36	128		
10	屯溪区	惠普	36	50	32	118		
11	徽州区	惠普	28	35	26	89		
12	黄山区	惠普	30	32	27	89		
13	休宁县	惠普	26	30	28	84		
14	祁门县	惠普	26	28	24	78		
15	黟县	惠普	25	30	26	81		
16	歙县	惠普	30	34	29	93		
17	屯溪区	戴尔	28	32	26	86		
18	徽州区	戴尔	23	27	20	70		
19	黄山区	戴尔	20	25	22	67		
20	休宁县	戴尔	21	27	24	72		
21	祁门县	戴尔	19	24	21	64		
22	黟县	戴尔	15	20	17	52		
23	歙县	戴尔	18	22	19	59		
24								

销售汇总 / 销售表1 / 销售表2 / 销售表3

图 9-21 "销售表 1"工作表

2. **数据管理**（以下操作在"销售表 1"～"销售表 3"工作表中完成）

（1）数据排序：对"销售表 1"工作表中的数据按区县名的笔画升序排列，区县名相同时按电脑品牌的笔画升序排列。

（2）自动筛选：在"销售表 1"工作表中筛选出每个月的销售量均大于等于 35 的记录。

（3）高级筛选：在"销售表 2"工作表中筛选出联想笔记本电脑 3 个月的销售总量在 120 以上的记录，条件写在以 I2 单元格为左上角的区域，电脑品牌条件写在 J 列，总计条件写在 I 列；筛选的结果放在以 A25 单元格为左上角的区域中。

（4）数据的分类汇总：在"销售表 3"工作表中用分类汇总的方式分别计算各区县每个月笔记本电脑的销售总量。

第 5 章

演示文稿制作软件 PowerPoint 2016 实验

PowerPoint 2016 是微软公司 Office 2016 办公系列软件中的重要一员，是一款功能强大且应用广泛的演示文稿制作软件。它能够帮助用户将文本、图形、图片、音频及视频等多媒体信息有机结合，并以生动、直观的方式展示。

在 PowerPoint 2016 中，用户可以制作出生动精美的幻灯片。演示文稿由一组幻灯片构成，每一张幻灯片中都可以插入丰富的元素，如文本、表格、图形、图片、音频、视频、动画、超链接等，使得演示文稿内容丰富多彩、引人入胜。PowerPoint 2016 还提供了多种动画效果和幻灯片切换效果，如淡入淡出、放大缩小、卷帘、立方体等，使得演示文稿的视觉效果绚丽多彩。此外，它还具备强大的图表制作功能，用户可以根据实际需要制作出各种图表，让演示文稿更加专业。

PowerPoint 2016 的应用场景非常广泛，不仅适用于学术研究、教育培训、广告宣传和活动策划等领域，还是多媒体教学、演说答辩、会议报告及商务洽谈的有力辅助工具。无论是学术研究人员、教育工作者、广告人员还是商务人士，都可以通过 PowerPoint 2016 制作出高质量的演示文稿，有效地传达信息。

总的来说，PowerPoint 2016 是一款功能强大、操作简便、应用场景广泛的演示文稿制作软件，无论是个人用户，还是企业团队，都可以通过它提升演示效果，实现信息的有效传递。

实验十　PowerPoint 2016 的基本操作

一、实验目的

（1）了解幻灯片不同视图的作用。

（2）熟悉演示文稿的基本操作。

（3）掌握演示文稿的编辑方法。

二、预备知识

1. 新建演示文稿

演示文稿一般包括若干张幻灯片，每张幻灯片既独立，又相互关联。在 PowerPoint 2016 中创建一个新演示文稿的常用方法有 3 种：创建空白演示文稿、使用样本模板创建演示文稿、使用主题创建演示文稿。

2. 演示文稿视图

PowerPoint 2016 提供 5 种视图模式：普通视图、大纲视图、幻灯片浏览视图、备注页视图和阅读视图。单击【视图】|【演示文稿视图】组中的按钮，或单击 PowerPoint 工作窗口状态栏中的视图快捷方式按钮，可以在各种视图间进行切换。

普通视图是调整、修饰幻灯片的最好模式。普通视图由幻灯片缩略窗格、幻灯片编辑窗格和备注窗格组成。在幻灯片编辑窗格中，可以编辑幻灯片中的对象；在备注窗格中，可以输入备注文字；幻灯片缩略窗格中显示幻灯片缩略图，可以在其中选择一张或多张幻灯片，用鼠标右键单击幻灯片缩略图可对相应幻灯片进行复制、删除等操作。

大纲视图与普通视图类似，只是左侧的窗格不同，主要用来编辑幻灯片中的文字。

幻灯片浏览视图以缩略图的形式显示演示文稿中的幻灯片，用户可以在该视图下对幻灯片进行如删除、移动等操作，但不能对幻灯片中的具体内容进行编辑。

备注页视图主要用来编辑备注页。

阅读视图以窗口的形式反映幻灯片的放映情况。

3. 主题

主题即幻灯片统一风格的样式，包括文字、排版等，每个主题可以有多种风格，灵活地使用主题有助于快速制作出具有专业品质的演示文稿。

单击【设计】|【主题】组中的主题，即可为演示文稿应用相应的主题。

4. 版式

版式指的是幻灯片的结构，通常幻灯片由标题区、正文区和其他的图形对象区等基本部分组成。

5. 母版

母版视图包括幻灯片母版视图、讲义母版视图和备注母版视图。它们是存储有关演示文稿的信息的特殊幻灯片，其中包括预设了背景、颜色、字体、效果、大小和位置的占位符。

单击【视图】|【母版视图】组中的按钮，或单击 PowerPoint 工作窗口状态栏中的视图快捷方式

按钮可以在各种母版视图间进行切换。

三、实验内容和实验过程

创建"我最喜爱的地方.pptx"演示文稿，介绍"我"最喜爱的地方——歙县。

1. 创建并保存演示文稿

（1）新建空白演示文稿。

单击【开始】按钮，在弹出的【开始】菜单中选择【PowerPoint】命令，启动 PowerPoint。单击【空白演示文稿】创建空白演示文稿。新建的空白演示文稿如图 10-1 所示。

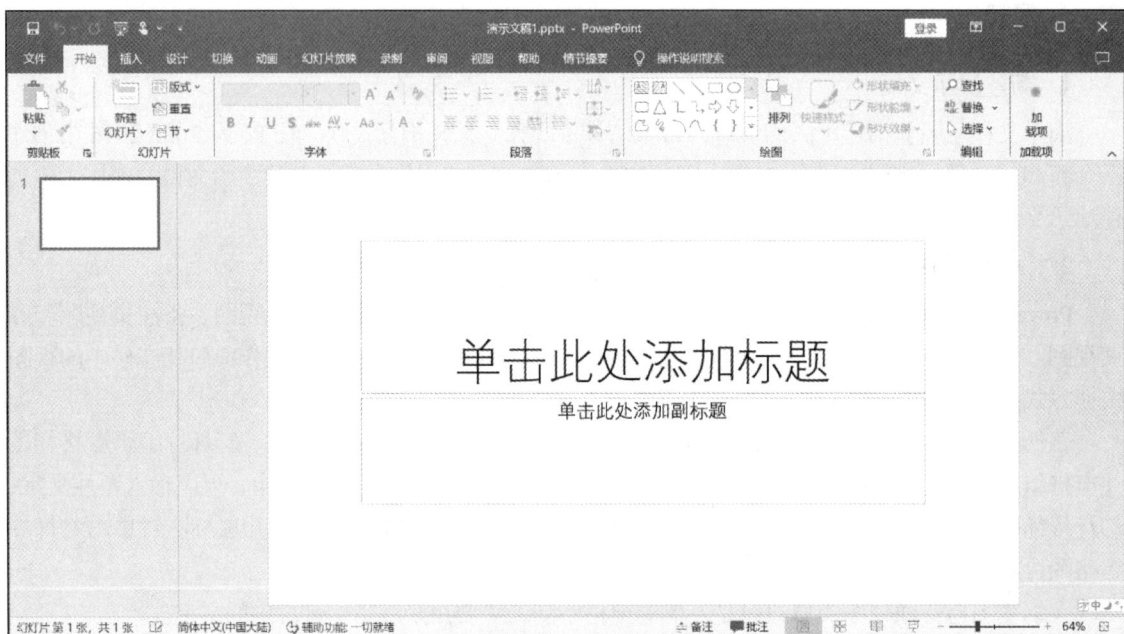

图 10-1　空白演示文稿

（2）以 "我最喜爱的地方"为名将演示文稿保存到 D 盘中。

选择【文件】|【另存为】命令，单击【浏览】按钮，打开【另存为】对话框。在【另存为】对话框中设置文件存储位置为 D 盘，文件名为"我最喜爱的地方"，单击【保存】按钮完成对文件的保存。

2. 打开文件

打开"我最喜爱的地方.pptx"演示文稿。

选择【文件】|【打开】命令，右边窗格中会显示最近编辑的演示文稿，单击"我最喜爱的地方.pptx"。若右边窗格中没有，则单击【浏览】按钮，打开【打开】对话框，在该对话框中选择文件的存储位置（D 盘），选择"我最喜爱的地方.pptx"文件，单击【打开】按钮。

3. 选择主题

将演示文稿"我最喜爱的地方.pptx"的主题设置为"电路"。

切换到【设计】选项卡，如图 10-2 所示。单击【主题】组中的下拉按钮，在弹出的下拉菜单中选择主题"电路"，幻灯片主题修改成功，效果如图 10-3 所示。

图 10-2 【设计】选项卡

图 10-3 "电路"主题效果

4. 设计标题幻灯片

在第 1 张幻灯片（标题幻灯片）中输入艺术字标题"我最喜爱的地方"，输入副标题——歙县，并进行相应的设置。

（1）选择标题幻灯片，选择占位符"单击此处添加标题"虚线边框，按 Delete 键删除该占位符。

（2）单击【插入】|【文本】组中的【艺术字】按钮，在弹出的下拉菜单中选择位于第 3 行第 2 列的样式，单击后，幻灯片上出现"请在此放置您的文字"艺术字，并切换到【形状格式】选项卡，如图 10-4 所示。

（3）在"请在此放置您的文字"艺术字中单击，输入文字"我最喜爱的地方"，在【开始】|【字体】组中设置字体为【华文琥珀】，字号为【72】。

（4）选中艺术字"我最喜爱的地方"，在【形状格式】|【艺术字样式】组中单击【文本填充】按钮，设置主题颜色为【橙色，个性色 2，淡色 60%】；单击【文本轮廓】按钮，设置标准色为【紫色】；单击【文本效果】按钮，设置【阴影】为【内部：中】，【映像】为【紧密映像：4pt 偏移量】，【发光】为【发光：11 磅；红色，主题色 3】，【棱台】为【松散嵌入】，【三维旋转】为【透视：适度宽松】，【转换】为【拱形】。拖动艺术字至合适位置。

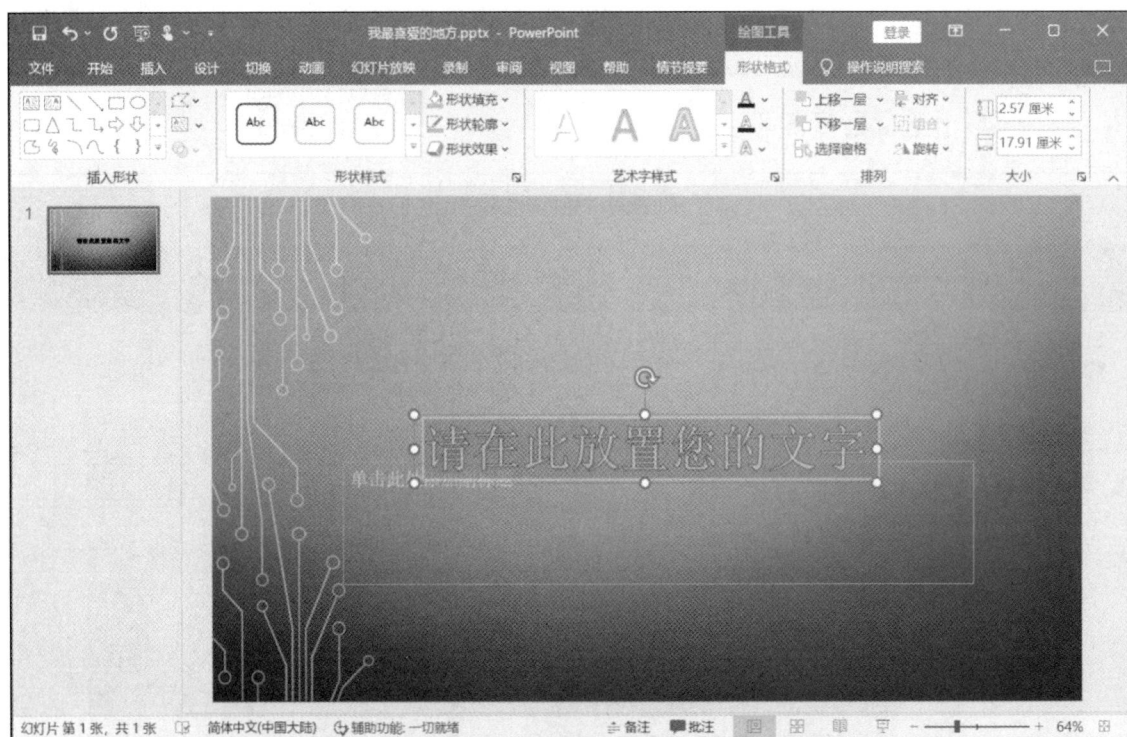

图 10-4　【形状格式】选项卡

（5）在"单击此处添加副标题"占位符中单击，输入文字"——歙县"，设置文字的字体为【幼圆】，字号为【44】，颜色为【黄色】，并使文字右对齐。效果如图 10-5 所示。

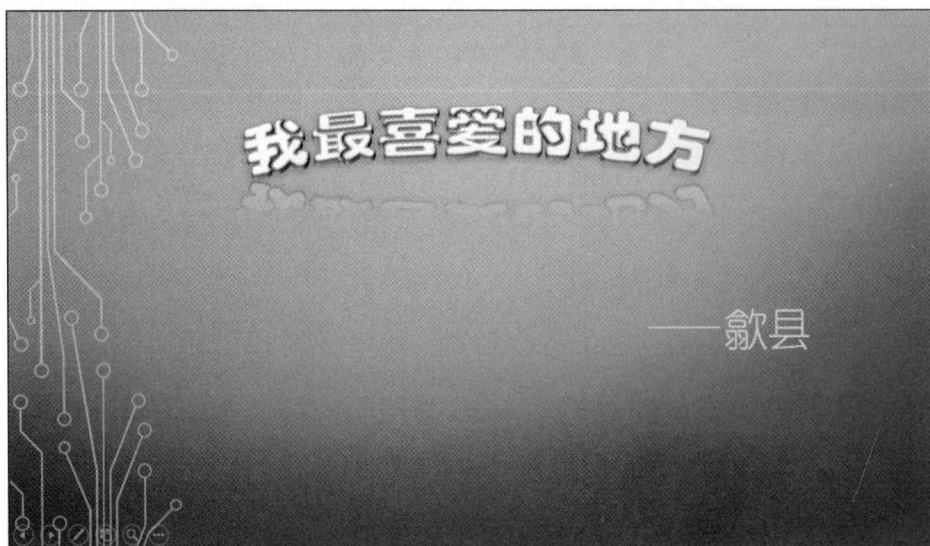

图 10-5　标题幻灯片效果

5．插入幻灯片

（1）在"我最喜爱的地方.pptx"演示文稿中插入第 2 张幻灯片。

① 单击【开始】|【幻灯片】组中的【新建幻灯片】按钮，或在标题幻灯片后单击鼠标右键，在弹出的快捷菜单中选择【新幻灯片】命令，插入第 2 张幻灯片。

② 选择第 2 张幻灯片，单击【开始】|【幻灯片】组中的【版式】按钮，在弹出的下拉菜单中选择【图片与标题】版式。

③ 单击第 2 张幻灯片中的 图标按钮，打开【插入图片】对话框，选择图片"ppt1.jpg"，单击【插入】按钮关闭该对话框。

④ 在"单击此处添加标题"和"单击此处添加文本"占位符中分别输入第 2 张幻灯片的标题和内容。

⑤ 将标题"古徽州府——歙县"的字体设置为【幼圆】，字号设置为【54】，颜色设置为【黄色】，再单击【开始】|【段落】组中的【文字方向】按钮，在弹出的下拉菜单中选择【所有文字旋转 270°】命令，最后调整标题位置和文本框大小。

⑥ 将除标题外的文本的字体设置为【幼圆】，字号设置为【24】，颜色设置为【白色】，调整文本框的位置和文本框的大小。

⑦ 调整图片的位置和大小，效果如图 10-6 所示。

图 10-6　第二张幻灯片

（2）插入第 3 张幻灯片。

① 单击【开始】|【幻灯片】组中的【新建幻灯片】按钮，插入第 3 张幻灯片。

② 选择第 3 张幻灯片，设置版式为【空白】。

③ 单击【插入】|【插图】组中的【SmartArt】按钮，打开【选择 SmartArt 图形】对话框，在对话框左侧列表中选择【流程】，在右侧选择【连续块状流程】，单击【确定】按钮，效果如图 10-7 所示。

④ 单击 SmartArt 图形，在其左侧会出现文本窗格，单击某个"文本"，再按 Enter 键，在 SmartArt 图形中添加一个文本框。

⑤ 在文本窗格中分别输入"徽州府衙""许国石坊""西园""棠樾牌坊群"，文本窗格效果如图 10-8 所示。

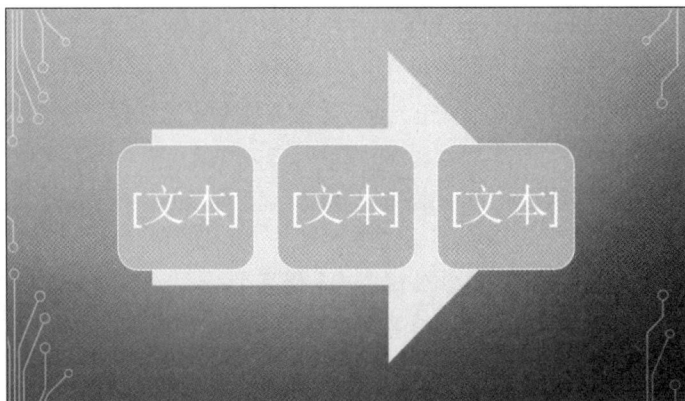

图 10-7　连续块状流程图

图 10-8　SmartArt 图形的文本窗格

⑥ 单击 SmartArt 图形，稍微拖长一些，再选中箭头，单击【格式】|【形状样式】组中的【形状填充】按钮，在弹出的下拉菜单中选择【图片】命令，打开【插入图片】对话框，插入图片"ppt2.jpg"。依次选中文本，单击【形状样式】|【形状效果】|【三维旋转】，设置文本各不相同的平行效果。依次选择文本，单击【形状样式】|【形状填充】|【标准色】，设置文本不同的颜色。效果如图 10-9 所示。

图 10-9　第三张幻灯片

（3）插入第 4 张幻灯片。

① 单击【开始】|【幻灯片】组中的【新建幻灯片】按钮，插入第 4 张幻灯片，设置版式为【内容与标题】。

② 在"单击此处添加标题"和"单击此处添加文本"占位符中分别输入第四张幻灯片的标题和内容。

③ 将标题"徽州府衙"的字体设置为【幼圆】，字号设置为【54】，颜色设置为【橙色】，并使标题分散对齐；将除标题外的文本的字体设置为【幼圆】，字号设置为【24】，颜色设置为【白色】；单击幻灯片中的按钮，插入图片"ppt3.jpg"。效果如图 10-10 所示。

图 10-10　第 4 张幻灯片

（4）插入第 5 张幻灯片。

① 单击【开始】|【幻灯片】组中的【新建幻灯片】按钮，插入第 5 张幻灯片，设置版式为【标题和内容】。

② 在"单击此处添加标题"占位符中输入第 5 张幻灯片的标题。设置标题"许国石坊"的字体为【幼圆】，字号为【60】，颜色为【蓝色】，居中对齐。

③ 单击幻灯片中的按钮，打开【插入表格】对话框，输入列数为"4"，行数为"1"单击【确定】按钮，在幻灯片中插入 1 行 4 列的表格，同时切换到图 10-11 所示的【表设计】选项卡。单击【表设计】|【表格样式】组中的【浅色样式 2-强调 5】。

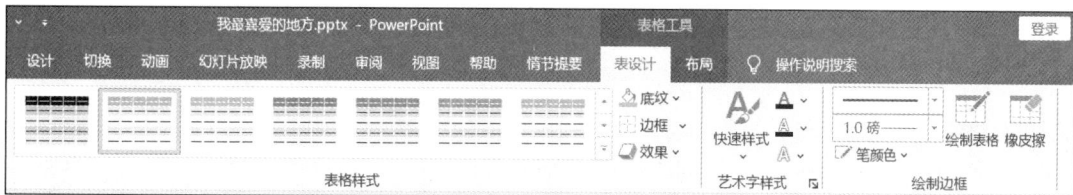

图 10-11　【表设计】选项卡

④ 打开"文字.txt"，将其内容复制到刚插入的表格中，字号设置为【20】，段落大小为【固定 30 磅】。

⑤ 在表格外单击鼠标右键，在弹出的快捷菜单中选择【设置背景格式】命令，窗口右侧显示【设置背景格式】窗格，如图 10-12 所示。单击【图片源】下的【插入】按钮，插入"ppt4.jpg"，并设置透明度为【70%】。

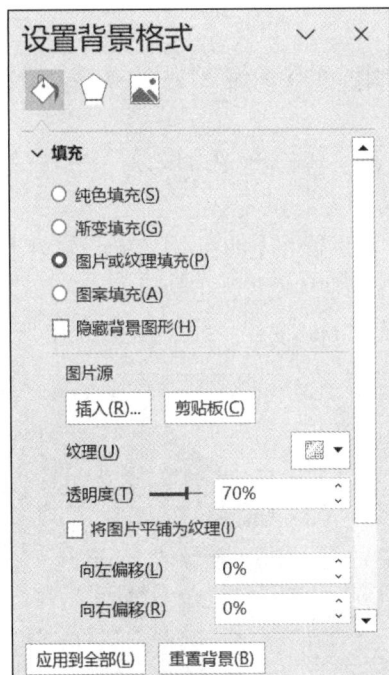

图 10-12 【设置背景格式】窗格

⑥ 选中表格，右侧的窗格变为【设置形状格式】窗格，将透明度设置为【50%】。设置完成后的效果如图 10-13 所示。

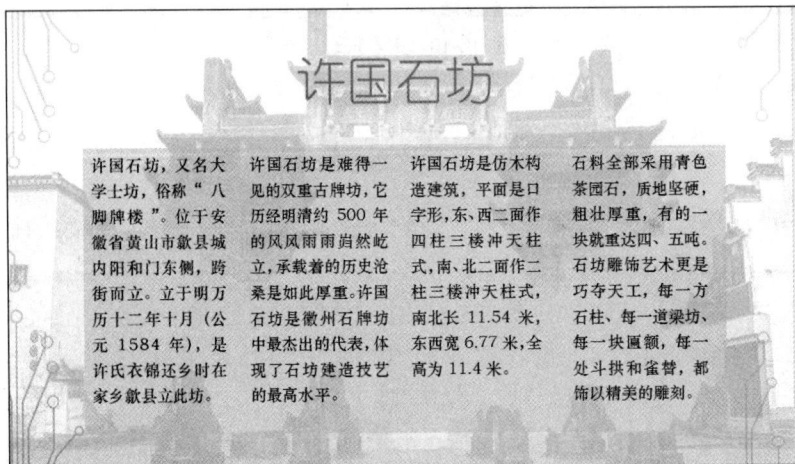

图 10-13 第 5 张幻灯片

（5）插入第 6 张幻灯片。

① 单击【开始】|【幻灯片】组中的【新建幻灯片】按钮，插入第 6 张幻灯片，设置版式为【空白】。

② 单击【插入】|【图像】组中的【图片】按钮，在弹出的下拉菜单中选择【此设备】命令，打开【插入图片】对话框，插入图片"ppt5.jpg"，调整图片位置。

③ 单击【插入】|【文本】组中的【文本框】下拉按钮，在弹出的下拉菜单中选择【竖排文本框】命令，在图片左侧绘制文本框并输入文字。将文字的字体设置为【幼圆】，字号设置为【20】，

颜色设置为【白色】，并使文字居中对齐。在图片右侧插入两个横排文本框，输入文字，将字体设置为【幼圆】，字号设置为【72】，颜色设置为【黄色】，并使文字居中对齐。效果如图 10-14 所示。

图 10-14　第 6 张幻灯片

（6）插入第 7 张幻灯片。

① 单击【开始】|【幻灯片】组中的【新建幻灯片】按钮，插入第 7 张幻灯片，设置版式为【两栏内容】。

② 在"单击此处添加标题"占位符中输入第 7 张幻灯片的标题。设置标题"棠樾牌坊群"的字体为【幼圆】，字号为【54】，颜色为【黄色】，居中对齐。

③ 单击幻灯片中的█图标按钮，插入图片"ppt6.jpg"和"ppt7.jpg"，调整图片的大小和位置，效果如图 10-15 所示。

图 10-15　第7张幻灯片

（7）插入第8张幻灯片

① 单击【开始】|【幻灯片】组中的【新建幻灯片】按钮，插入第8张幻灯片，设置版式为【仅标题】。

② 在标题占位符中输入文字"谢谢欣赏"，设置字体为【华文彩云"】，字号为【96】，颜色为【黄色】，居中对齐。

③ 拖动标题到页面中间。

6. 复制幻灯片

在演示文稿"我最喜爱的地方.pptx"中将第3张幻灯片分别复制到第4、5、6张幻灯片后（操作完成后共计11张幻灯片）。

（1）在窗口左侧选中第3张幻灯片的缩略图，单击鼠标右键，在弹出的快捷菜单中选择【复制】命令，或按Ctrl+C组合键进行复制；在第4张幻灯片后单击鼠标右键，在弹出的快捷菜单中选择【粘贴选项】|【保留源格式】命令，或按Ctrl+V组合键进行粘贴。

（2）使用同样的方法，复制第3张幻灯片至原第5、6张幻灯片后。

7. 幻灯片放映

（1）单击【视图】|【演示文稿视图】组中的【幻灯片浏览】按钮，效果如图10-16所示。

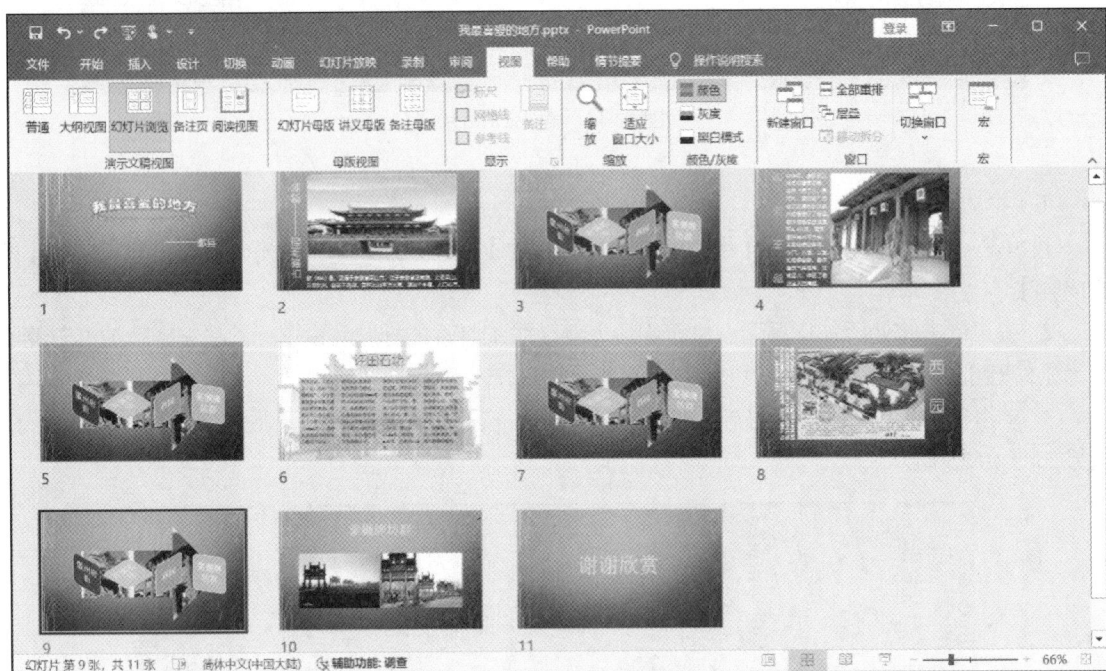

图 10-16　幻灯片浏览视图

（2）单击【幻灯片放映】|【开始放映幻灯片】组中的【从头开始】按钮，从头开始播放幻灯片，查看设置的效果，如有问题及时修改。

四、巩固练习

创建至少包含6张幻灯片的演示文稿"家乡.pptx"，要求如下。

（1）在第1张幻灯片中输入总标题"我的家乡"；在第2张幻灯片中输入子标题，以及后面各张幻灯片的标题"家乡的地理位置""家乡的人文""家乡的山水""家乡的特产"。第3～6张幻灯片分别对以上子标题做介绍，其中家乡的特产要求使用表格进行介绍。

（2）利用幻灯片浏览视图交换"家乡的山水""家乡的特产"这两张幻灯片的位置。

（3）找一幅家乡的图片，或在"画图"软件中画一幅图，将其插入幻灯片"家乡的山水"。

（4）为演示文稿选择合适的主题。

（5）保存演示文稿，并放映该演示文稿。

实验十一　PowerPoint 2016 的高级操作

一、实验目的

（1）掌握为幻灯片添加切换效果和动画效果的方法。
（2）掌握在演示文稿中设置超链接的方法。

二、预备知识

1. 超链接和动作按钮

PowerPoint 允许用户在演示文稿中添加超链接，单击超链接，即可跳转到某个文件或文件中的某个位置，甚至可以跳转到互联网的某一个网页。超链接将在幻灯片放映时激活。

动作按钮类似于超链接，用户可以将其插入幻灯片，并为其定义超链接。动作按钮可用于迅速跳转到下一张、上一张、第一张和最后一张幻灯片等。

2. 放映类型

PowerPoint 提供了以下 3 种放映类型。

（1）演讲者放映（全屏幕）：用于全屏幕显示演示文稿。这是最常用的放映类型，在这种方式下，由演讲者控制放映。

（2）观众自行浏览（窗口）：用于在小屏幕显示演示文稿，即放映的演示文稿显示在窗口内，且该窗口提供幻灯片放映时的常用命令。

（3）在展台浏览（全屏幕）：用于自动反复播放演示文稿。例如，在展览会场可以选择该放映类型。

3. 排练计时

排练计时用于设置演示文稿自动放映的速度。演示文稿的放映速度会影响观众的反应，放映速度过快，观众可能会跟不上；放映速度太慢，观众又可能会没有耐心。通过排练计时，用户可以获得最理想的放映速度。

4. 隐藏幻灯片

用户可以隐藏幻灯片，让演示文稿中的某些幻灯片在正常放映时不显示，但仍可以根据需要采用超链接的方法使其显示。

三、实验内容与实验过程

1. 设置页眉和页脚

在演示文稿"我最喜爱的地方.pptx"中设置页眉和页脚。

（1）打开演示文稿"我最喜爱的地方.pptx"。

（2）单击【插入】|【文本】组中的【页眉和页脚】按钮，打开图 11-1 所示的对话框。

（3）选中【页眉和页脚】对话框中的【日期和时间】复选框，日期和时间默认自动更新。选中【幻灯片编号】复选框，在幻灯片中添加页码。选中【页脚】复选框，在文本框中输入"制作人：×
×"。单击【全部应用】按钮后，演示文稿中的所有幻灯片都添加了日期和时间、页码和页脚。单击
图标按钮，查看演示效果。

图 11-1 【页眉和页脚】对话框

2. 插入音乐并设置音乐自动播放

在演示文稿"我最喜爱的地方.pptx"中插入音乐，并设置音乐自动播放。

（1）选择演示文稿"我最喜爱的地方.pptx"中的标题幻灯片。

（2）单击【插入】|【媒体】组中的【音频】按钮，在弹出的下拉菜单中选择【PC 上的音频】命令，打开【插入音频】对话框。选择准备好的声音文件"柠檬树.mp3"，单击【插入】按钮，这时标题幻灯片上出现一个声音图标 。

（3）单击声音图标，切换到【播放】选项卡，如图 11-2 所示。

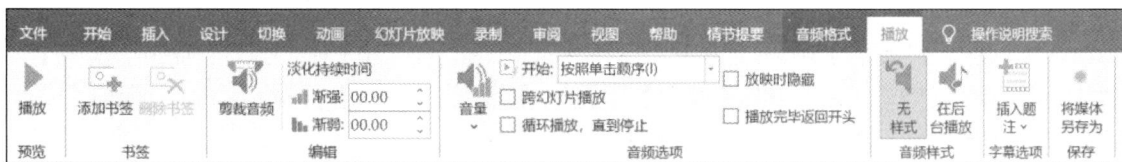

图 11-2 【播放】选项卡

（4）在【音频选项】组中选中【放映时隐藏】、【跨幻灯片播放】和【循环播放，直到停止】复选框。

（5）单击【幻灯片放映】|【开始放映幻灯片】组中的【从头开始】按钮，从头开始播放幻灯片并查看设置的效果，如有问题及时修改。

3. 设置动画

在演示文稿"我最喜爱的地方.pptx"中设置第 1 张幻灯片和第 8 张幻灯片的动画。

（1）选中第 1 张幻灯片的标题"我最喜爱的地方"。

（2）切换到【动画】选项卡，如图 11-3 所示。

图 11-3 【动画】选项卡

（3）单击【动画】组中的 图标按钮，在弹出的下拉菜单中选择【缩放】命令，幻灯片编辑窗格如图 11-4 所示。在【计时】组中设置【开始】为【上一动画之后】，【持续时间】设置为【01.00】，【延迟】设置为【01.00】。单击演示文稿窗口下方幻灯片放映图标按钮 ，查看演示效果。

图 11-4 幻灯片编辑窗格

（4）选中第 1 张幻灯片的副标题，在【动画】中选择【浮入】。在【计时】组中设置【开始】为【与上一动画同时】，【持续时间】设置为【01.00】，【延迟】设置为【01.00】。单击 图标按钮，查看演示效果。

（5）在第 8 张幻灯片中拖动文本框"西"至幻灯片左侧。

（6）选中文本框"西"，单击【动画】|【高级动画】组中的【添加动画】按钮，在弹出的下拉菜单中选择【其他动作路径】命令，打开图 11-5 所示的【添加动作路径】对话框。在对话框中选择【直线和曲线】中的【弯弯曲曲】，单击【确定】按钮。在【计时】组中设置【开始】为【上一动画之后】，【持续时间】设置为【02.00】，【延迟】设置为【01.00】。

（7）选中文本框"园"，单击【动画】|【高级动画】组中的【添加动画】按钮，在弹出的下拉菜单中选择【其他动作路径】命令，在打开的【添加动作路径】对话框中选择【直线和曲线】中的【螺旋向左】，单击【确定】按钮。在【计时】组中设置【开始】为【与上一动画同时】，【持续时间】设置为【02.00】，【延迟】设置为【01.00】。

（8）拖动文本框"西"和文本框"园"的红色箭头至文本框原来的位置。单击 图标按钮，查看演示效果，如图 11-6 所示。

（9）选中第 8 张幻灯片中的图片，单击【动画】|【高级动画】组中的【添加动画】按钮，在弹出的下拉菜单中选择【更多进入效果】命令，在打开的对话框中选择【华丽】中的【弹跳】；单击【动画】|【高级动画】组中的【添加动画】按钮，在弹出的下拉菜单中选择【更多强调效果】命令，在打开的对话框中选择【基本】中的【陀螺旋】；单击【动画】|【高级动画】组中的【添加动画】按钮，

在弹出的下拉菜单中选择【更多退出效果】命令，在打开的对话框中选择【温和】型中的【收缩并旋转】；设置【计时】对话框。单击【动画】|【高级动画】组中的【动画窗格】按钮，打开【动画窗格】窗格，可以在其中修改幻灯片中对象的动画效果、动画顺序等。单击 图标按钮，查看演示效果。

图 11-5　【添加动作路径】对话框

图 11-6　动画效果

注：可尝试为每一张幻灯片中的对象设置动画效果。

4. 设置幻灯片切换效果

在演示文稿"我最喜爱的地方.pptx"中设置幻灯片切换效果。

（1）选中演示文稿中的第 1 张幻灯片。

（2）切换到【切换】选项卡，如图 11-7 所示。

图 11-7 【切换】选项卡

（3）选择【切换】|【切换到此幻灯片】组中的【蜂巢】。在【切换】|【计时】组中设置【声音】为【微风】，选中【设置自动换片时间】复选框，并设置时间为【00:03:00】，单击【应用到全部】按钮。单击▣图标按钮，查看演示效果。

注：可尝试为每张幻灯片设置不同的切换效果。

5. 设置超链接

在演示文稿"我最喜爱的地方.pptx"中设置超链接。

（1）选中演示文稿中的第 3 张幻灯片。

（2）选择幻灯片中的文本框"徽州府衙"，单击【插入】|【链接】组中的【链接】按钮，打开图 11-8 所示的【编辑超链接】对话框。

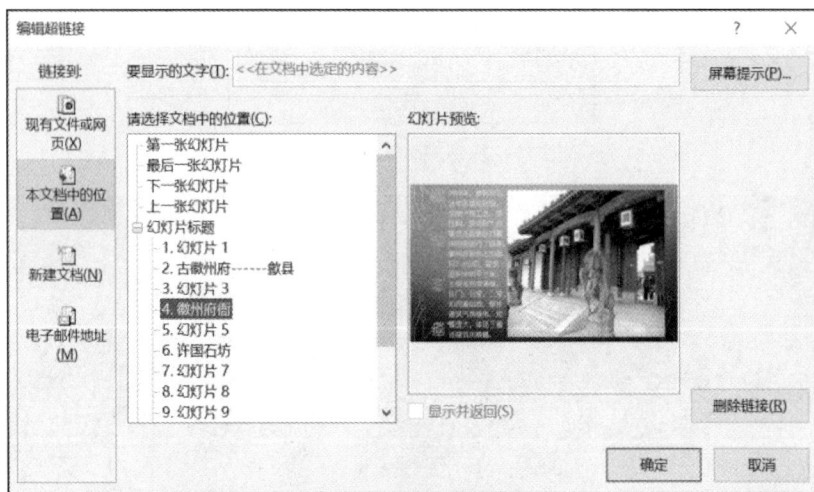

图 11-8 【编辑超链接】对话框

（3）在【链接到】中选择【本文档中的位置】，在【请选择文档中的位置（C）:】列表框中选择"4.徽州府衙"，单击【确定】按钮。

（4）用同样的方法，将文本框"许国石坊"链接到"6.许国石坊"，文本框"西园"，链接到"8.幻灯片 8"，文本框"棠樾牌坊群"链接到"10.棠樾牌坊群"。单击▣图标按钮，查看演示效果。

（5）选择最后一张幻灯片，在幻灯片右下角插入横排文本框，输入"replay"。

（6）选择文本框"replay"，单击【插入】|【链接】组中的【动作】按钮，打开图 11-9 所示的【操作设置】对话框。

（7）在【单击鼠标】选项卡中设置【单击鼠标时的动作】|【超链接到】为"第一张幻灯片"，选中【单击时突出显示】复选框，单击【确定】按钮。单击▣图标按钮，单击文本框"replay"，可回到第一张幻灯片。

注：尝试将其他标题链接到相关的幻灯片上。

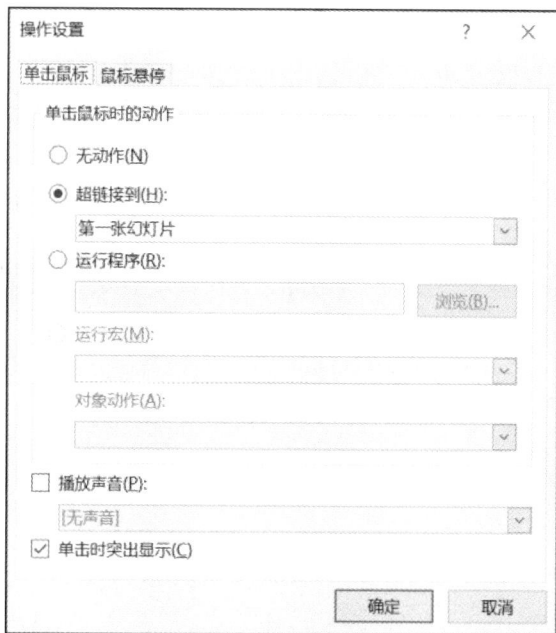

图 11-9 【操作设置】对话框

6. 插入视频

在演示文稿"我最喜爱的地方.pptx"中插入一张幻灯片,添加"歙县风光.mp4"视频。

(1)在演示文稿"我最喜爱的地方.pptx"最后一张幻灯片前插入一张新幻灯片,版式设置为【空白】。

(2)选择新幻灯片,单击【插入】|【媒体】组中的【视频】按钮,在弹出的下拉菜单中选择【此设备】命令,打开【插入视频文件】对话框。

(3)在对话框中选择要插入的视频文件,单击【插入】按钮。

四、巩固练习

1. 对实验十巩固练习中的演示文稿"家乡.pptx"进行操作

(1)将演示文稿的主题设置为"暗香扑面"。

(2)在第 1 张幻灯片中选中文本"我的家乡",将其文字格式设置为华文行楷、36 磅、蓝色。

(3)将第 3 张幻灯片中标题的进入效果设置为"出现",【开始】设置为"上一动画之后",【延迟】设置为"01.00"。

(4)将第 5 张幻灯片中图片的强调效果设置为"陀螺旋"。

(5)在第 4 张幻灯片中添加竖排文本框,将文本框格式设置为"自选图形的文字换行",输入相应的内容。

(6)将所有幻灯片的切换效果设置为【闪光】,【持续时间】设置为【01.00】,【换片方式】设置为【设置自动换片时间(02:00)】。

2. 打开配套资源中的演示文稿"蜕壳.pptx",在 PowerPoint 2016 中完成以下操作

(1)设置演示文稿的主题为"流畅"。

(2)设置第 1 张幻灯片的版式为"标题幻灯片",输入标题"做一个敢蜕壳的人",标题文字格

式设置为【黑体、72 磅】。

（3）将第 2 张幻灯片的内容文本框的左右边距设置为【0.5 厘米】。

（4）设置第 3 张幻灯片的内容文本框的段落项目符号（项目符号为带填充效果的菱形◆）。

（5）将第 4 张幻灯片的内容文本框的形状格式图案填充设置为【浅色下对角线】。

（6）将第 5 张幻灯片中图片的进入效果设置为【轮子】,【开始】设置为【上一动画之后】,【延迟】设置为【2 秒】。

（7）将所有幻灯片的切换效果设置为【形状】,【效果选项】设置为【菱形】，自动换片时间设置为【2 秒】。

第6章

计算机网络应用实验

在计算机网络应用方面，随着技术的快速发展，我们已经进入数字化、网络化的时代。各种网络应用如雨后春笋般涌现，如云计算、物联网、大数据、人工智能等。这些应用不仅改变了我们的生活方式，也极大地推动了社会进步和经济发展。例如，云计算使得数据存储和处理变得更加高效和便捷；物联网则让各种设备能够互联互通，实现智能化管理和控制；大数据则帮助我们从海量数据中挖掘出有价值的信息；而人工智能则使得计算机能够模拟人类的思维和行为，从而进行更为复杂的任务处理。

然而，与此同时，信息安全问题也更加突出。由于网络的开放性和共享性，因此信息在传输和存储过程中面临着各种安全威胁。这些威胁可能来自网络攻击、数据泄露、恶意软件等。这些安全事件不仅可能导致个人信息的泄露和财产损失，还可能影响到企业的运营和国家的安全。

为了应对这些安全挑战，我们需要采取一系列安全措施。首先，要加强网络安全意识教育，提高用户对网络安全的认识和警惕性。其次，要加强网络安全技术的研发和应用，提高网络系统的防御能力和应对能力。此外，还需要加强法律法规建设，规范网络行为，打击网络犯罪。

因此，对一名大学生来说，了解计算机网络和信息安全方面的知识是很有必要的。

实验十二　资源共享与 Microsoft Edge 浏览器的设置

一、实验目的

（1）熟悉查看计算机名及设置资源共享的方法。

（2）了解 IP 地址、域名、网关、子网掩码等的基本概念及相关设置方法。

（3）掌握 Microsoft Edge 浏览器的基本使用方法，能对浏览器进行合理设置。

二、预备知识

1．资源共享

网络用户利用计算机网络可以共享主机设备，如工作站等；可以共享外部设备，如打印机、扫描仪等；也可以共享网络系统中的各种软件资源和数据库等。

2．IP 地址

因特网中的每台计算机都被分配了唯一的地址，即 IP（Internet Protocol，互联网协议）地址。IP地址采用分层结构，由网络地址和主机地址组成，用以标识特定主机的位置信息。IPv4 协议规定，IP 地址用二进制表示，每个 IP 地址长度为 32 比特位，即用 4 字节表示。为方便记忆，IP 地址经常写成十进制的形式，使用符号 "."分隔不同的字节，每字节的表示范围是 0~255。目前，IP 协议的版本号是 4（简称为 IPv4）和它的下一个版本 IPv6 处在共存阶段。IPv6 是 IETF（Internet Engineering Task Force，因特网工程任务组）设计的用于替代老版本 IP 协议（IPv4）的下一代 IP 协议，它由 128 位二进制数码表示。

3．域名系统

域名是网站在互联网上的名字，是为方便记忆而给网络上的主机取的有意义的字符类型的名字。从技术上讲，域名只是互联网中用于解决地址对应问题的一种方法。

4．子网掩码

子网掩码用来指明 IP 地址的哪些位标识的是主机所在的子网，以及哪些位标识的是主机地址。利用子网掩码可以将 IP 地址划分成网络地址和主机地址两部分，子网掩码必须结合 IP 地址一起使用。它的作用是获取主机 IP 的网络地址信息，便于分组转发时选择相应的路由。

5．浏览器

浏览器是显示网站内容或文件系统内的文件，并让用户与这些文件互动的一种软件，用来显示万维网或局域网中的文字、影像及其他资讯，是较常使用的客户端程序之一。

6．收藏 Web 页面

对于我们经常访问的网站或特别喜欢的网页，我们总是希望能立即找到并浏览，Edge 浏览器提供的网页收藏夹非常有用。我们可以将经常需要访问的网站地址放在浏览器的收藏夹内，方便以后访问。但再次访问收藏夹中的内容需要网络提供支持。

7．下载保存 Web 页面

除了收藏网页外，还可以将网页内的文字与图片下载保存到计算机中（动态图片不易保存，部分加密网站无法完成此操作）。下载保存后，网络不畅通的情况下也可以打开网页并查看其内容。

三、实验内容与实验过程

1. 查看当前计算机名

（1）在【此电脑】图标上单击鼠标右键，在弹出的快捷菜单中选择【属性】命令，打开图 12-1 所示的【系统】窗口。

图 12-1 【系统】窗口

（2）在该窗口中可查看当前计算机名。也可以单击【更改设置】按钮，打开图 12-2 所示的【系统属性】对话框，再单击【更改】按钮，打开图 12-3 所示的【计算机名/域更改】对话框，在该对话框中更改计算机名。

图 12-2 【系统属性】对话框

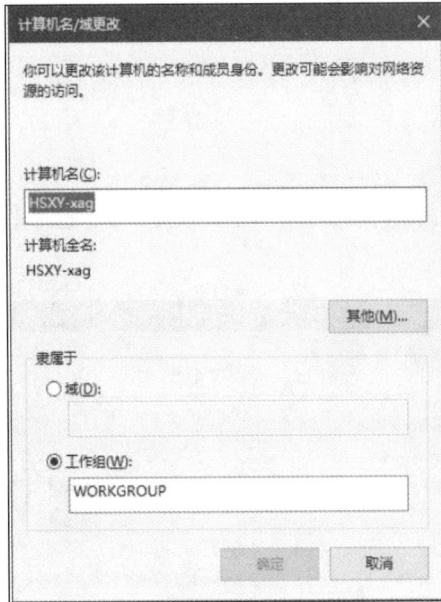

图 12-3 【计算机名/域更改】对话框

2. 设置共享文件夹

（1）在需要共享的文件夹上单击鼠标右键，在弹出的快捷菜单中选择【属性】命令，打开图 12-4 所示的文件夹属性对话框。

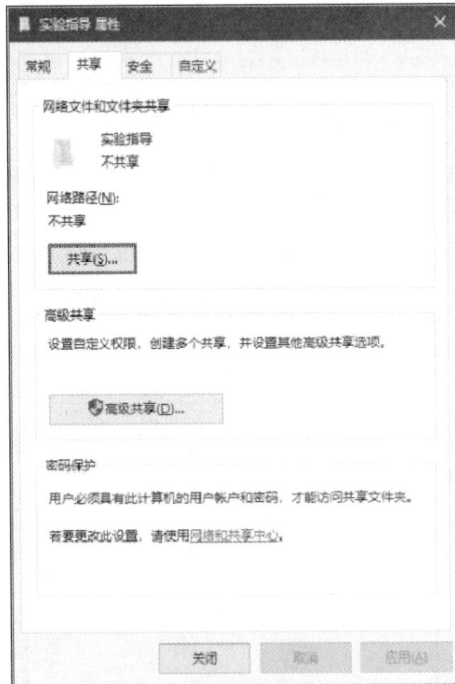

图 12-4 文件夹属性对话框

（2）在对话框中单击【共享】选项卡，再单击【网络文件和文件夹共享】中的【共享】按钮，打开图 12-5 所示的【网络访问】对话框。在该对话框中选择要与其共享的用户，可输入名称，然后单击【添加】按钮，或者在下拉列表中选择用户，添加用户后，可以在【权限级别】列设置共享权限。

图 12-5　【网络访问】对话框

（3）单击【共享】按钮，进入图 12-6 所示的【你的文件夹已共享】界面，单击【完成】按钮，完成设置共享文件夹的操作。

图 12-6　【你的文件夹已共享】界面

3. 查看与设置 IP 地址、网关、子网掩码

设置本机 IP 地址为 210.28.45.29，子网掩码为 255.255.255.0，首选 DNS 服务器和备用 DNS 服务器的地址分别为 202.117.96.5 和 202.117.96.10，网关地址为 210.28.45.254。具体操作步骤如下。

（1）打开【控制面板】窗口，单击【网络和 Internet】|【网络和共享中心】，打开网络信息及设置窗口。

（2）单击左侧的【更改适配器设置】，在弹出的【网络连接】窗口中找到【以太网】，在【以太网】图标上单击鼠标右键，在弹出的快捷菜单中选择【属性】命令，打开【以太网 属性】对话框，如图 12-7 所示。

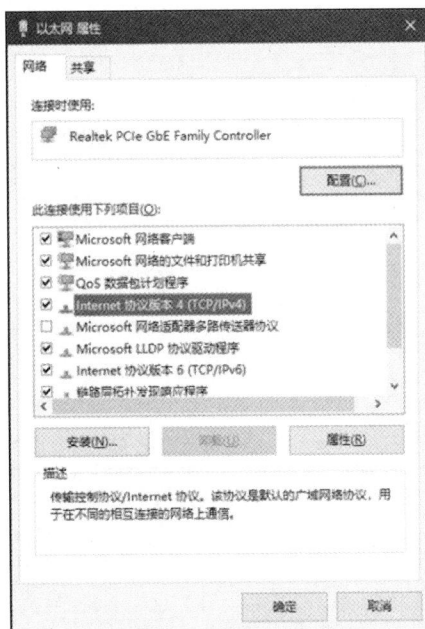

图 12-7 【以太网 属性】对话框

（3）在【此连接使用下列项目】列表框中选中【Internet 协议版本 4(TCP/IPv4)】复选框，单击【属性】按钮，打开图 12-8 所示的【Internet 协议版本 4(TCP/IPv4)属性】对话框。

图 12-8 【Internet 协议版本 4(TCP/IPv4)属性】对话框

（4）选择【使用下面的 IP 地址】单选按钮，【IP 地址】设置为【210.28.45.29】、【子网掩码】设置为【255.255.255.0】、【网关地址】为【210.28.45.254】。

（5）选择【使用下面的 DNS 服务器地址】单选按钮，设置【首选 DNS 服务器】和【备用 DNS 服务器】地址分别为【202.117.96.5】和【202.117.96.10】。

（6）单击【确定】按钮，关闭对话框，完成设置。

4. 设置 Microsoft Edge 的默认打开页

将百度主页设为当前 Microsoft Edge 的默认打开页，具体操作步骤如下。

（1）双击桌面上的【Microsoft Edge】图标打开浏览器。

（2）在窗口的地址栏中输入百度网址，然后按 Enter 键，打开百度主页，如图 12-9 所示。

图 12-9　百度主页

（3）单击工具栏中的 图标按钮，在弹出的菜单中选择【设置】图标，打开图 12-10 所示的设置页面。

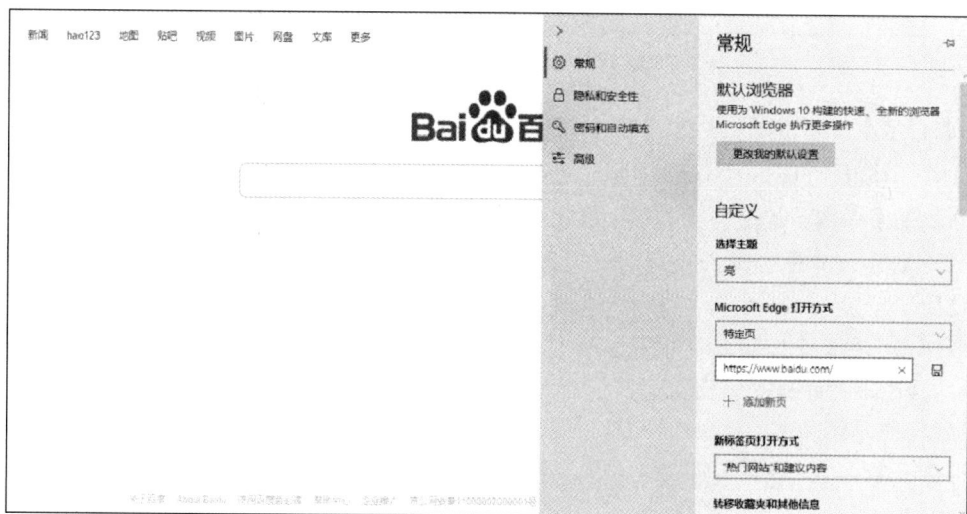

图 12-10　设置页面

（4）在【常规】选项卡的【自定义】中设置【Microsoft Edge 打开方式】为【特定页】，在下面的文本框中输入特定页地址。

（5）单击【保存】图标按钮🖫，完成设置。

5. 在 Microsoft Edge 中设置主页

将百度主页设为主页，采用同样的方法打开设置页面，然后进行以下操作。

（1）在【常规】选项卡的【自定义】中设置【设置您的主页】为【特定页】，在下方的文本框中输入主页地址。

（2）单击【保存】图标按钮🖫，完成设置，文本框中相应显示主页网址，如图 12-11 所示。

（3）打开主页，单击工具栏中的【主页】图标按钮⌂即可查看主页。

图 12-11　在 Microsoft Edge 中设置主页

6. 将百度主页添加到收藏夹

（1）打开百度主页。

（2）单击【添加到收藏夹或阅读列表】图标按钮☆，在弹出的对话框中单击【收藏夹】选项卡，在【名称】文本框中输入收藏网页的名称，在【保存位置】下拉列表中选择【收藏夹】，如图 12-12 所示。

（3）单击【添加】按钮，即可将指定网页添加到收藏夹，以便以后访问。

7. 下载保存百度主页

（1）打开百度主页。

（2）单击工具栏中的 ⋯图标按钮，在弹出的菜单中选择【更多工具】|【将页面另存为】命令，打开图 12-13 所示的【另存为】对话框，单击【保存】按钮保存后，在【下载】文件夹中能看到保存的网页文件。

图 12-12　将百度主页添加到收藏夹

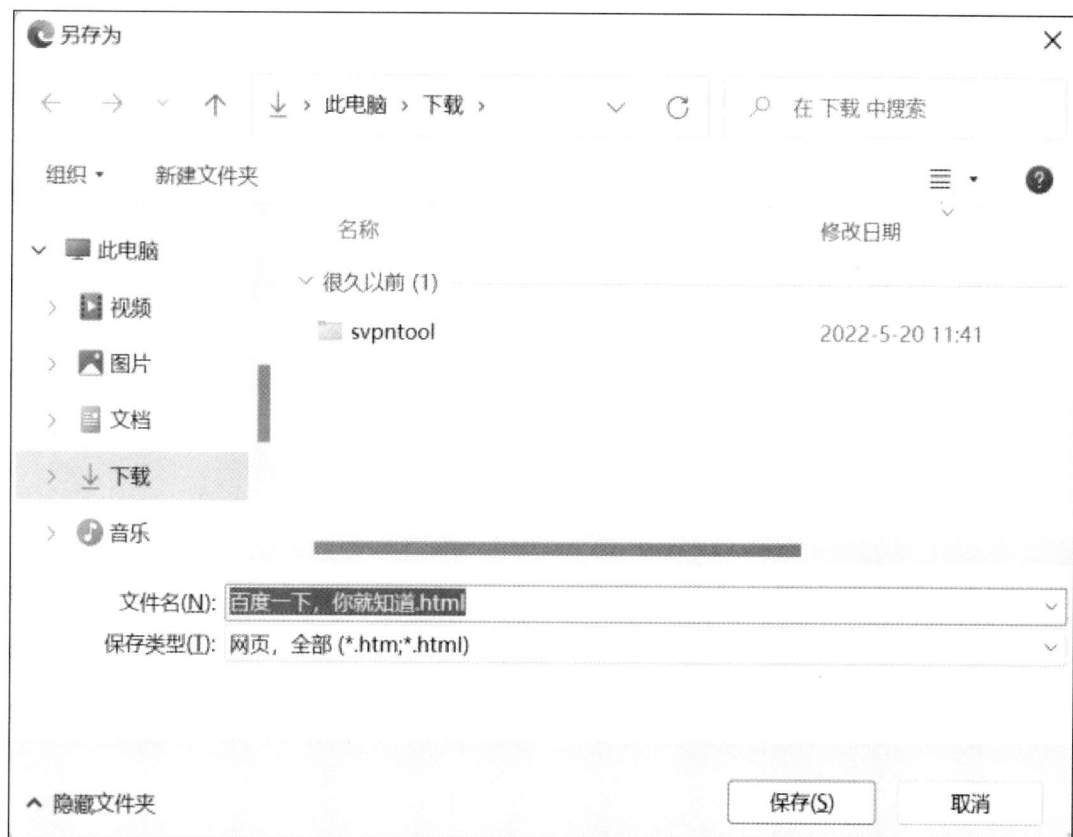

图 12-13　【另存为】对话框

四、巩固练习

（1）打开【网络】窗口，其中显示当前工作组计算机，双击其中一台已经启动的计算机，查看该计算机上的共享文件夹和打印机信息，双击计算机中的共享文件夹图标，访问该计算机上的共享文件。

（2）打开搜狐网站主页，进行以下操作。

① 浏览网页。

② 更改主页地址，将搜狐主页设置为 Microsoft Edge 的主页。

③ 将多个网页添加到 Microsoft Edge 收藏夹，并对收藏夹进行分类整理。

④ 打开任意网页，下载保存当前网页。

实验十三　信息检索、下载与收发电子邮件

一、实验目的

（1）掌握利用搜索引擎进行信息检索的方法。

（2）掌握网上交流（聊天）的方法。

（3）掌握从 FTP 服务器下载文件的方法。

（4）掌握申请电子邮箱的方法。

（5）掌握收发电子邮件的方法。

二、预备知识

1. 搜索引擎

搜索引擎是用来搜索网络资源与相关信息的工具。通常，搜索引擎采用分类查询或主题查询的方式获取特定的信息。

如果需要查找某个主题的相关资料，可以使用搜索引擎进行关键字搜索，搜索的结果可以是文字、图片、音乐、动画等。

常见的搜索引擎有百度、搜狗、谷歌。

2. 文件传输

文件传输协议（File Transfer Protocol，FTP）是 Internet 上广泛应用的协议之一，可以用于获取 Internet 上的免费软件、共享软件等。

3. 网上聊天

网上聊天是指安装聊天工具软件后，通过网络根据一定的协议连接到一台或多台专用服务器上与他人进行交流。

4. 电子邮件

电子邮件是指发送者和指定的接收者利用计算机通信网络发送包含文本、数据、声音、图像、视频等内容信息的一种非交互式的通信方式。互联网的电子邮箱地址组成格式为"用户名 @ 电子邮件服务器名"。

三、实验内容与实验过程

1. 使用搜索引擎

（1）使用百度搜索引擎查找有关"计算机等级考试"的信息。

① 打开浏览器，在地址栏中输入百度的网址。

② 在搜索框中输入要检索的内容"计算机等级考试"，按 Enter 键或单击【百度一下】按钮，即可得到搜索结果。

窗口中显示多条关于"计算机等级考试"的信息，每条信息都是指向一个网页的超链接。

（2）使用百度知道搜索"子网掩码"。

单击【知道】按钮，并在搜索框中输入"子网掩码"，单击【百度一下】按钮，即可获得子网掩码的相关信息，如图 13-1 所示。

图 13-1　百度知道搜索结果

注：百度知道中的答案一般由其他用户提供，不一定准确。

（3）使用百度图片下载图片。

① 单击【图片】按钮，在搜索框中输入"桌面背景"，然后单击【百度一下】按钮，即可获得与桌面背景相关的图片，如图 13-2 所示。如要查看更清晰的图片，可以在页面中单击图片。

② 单击需要保存的图片后，得到放大的源图片，在图片上单击鼠标右键，在弹出的快捷菜单中选择【将图片另存为】命令，如图 13-3 所示。在弹出的对话框中设置保存位置与名称后，单击【保存】按钮即可将其下载到计算机中。

2. 下载 QQ 并使用 QQ 进行网上聊天

（1）打开腾讯首页，在【产品推荐】中单击【QQ】，打开 QQ 访问页，选择与自己操作系统对应的版本并下载到指定的文件夹。

（2）找到下载的安装文件，双击进行安装，安装完成后，在桌面上双击【QQ】快捷图标，或通过【开始】菜单启动 QQ。

（3）注册登录后，添加好友并尝试与好友聊天或发送文件。

3. 从 FTP 服务器下载文件

要从 FTP 服务器下载文件，一般需要先通过浏览器登录。在浏览器的地址栏中输入地址（如

ftp://IP 地址），然后按 Enter 键进入登录界面，输入用户名和密码，单击【登录】按钮进入 FTP 服务器。在页面中找到自己需要的文件后单击可直接保存，也可单击鼠标右键，在弹出的快捷菜单中选择【另存为】命令，将其下载到本地计算机上。

图 13-2　百度图片搜索结果

图 13-3　保存百度图片

4. 申请电子邮箱

（1）打开新浪邮箱首页，在页面中单击【注册】按钮进入注册页面。

（2）填写相应的信息并提交，显示注册成功页面则表示电子邮箱申请成功。

5. 收发电子邮件

（1）使用注册的账号、密码登录邮箱后，就可以收发电子邮件了。如果拥有 QQ 号码，也可以用 QQ 账号和密码直接登录 QQ 邮箱。

（2）收邮件。进入邮箱后单击邮箱主页中的【收件箱】按钮，打开收到的邮件的列表，其中包含发件人、主题、时间、所占空间大小等信息。主题是粗体字时表示邮件未阅读，单击邮件即可查看邮件的内容。

如果邮件中带有附件，打开邮件后窗口中会显示附件个数、大小和文件名。页面下方会出现下载提示，单击【下载】按钮，打开【文件下载】对话框。在该对话框中选择文件的保存位置，单击【下载】按钮即可将附件保存到计算机指定的文件夹中。单击【直接打开】按钮可查看附件的内容。

注：使用不同的浏览器下载附件时弹出的窗口稍有区别，但大体上一致。

（3）发邮件。在邮箱主页中单击【写信】按钮进入邮件发送页面。在【收件人】栏中输入收件人的电子邮箱地址，在【主题】栏中输入邮件的主题，在【正文】栏中输入邮件的内容。单击【发送】按钮即可发送邮件。

在邮件发送页面的最下方有【其他选项】按钮，单击该按钮后出现以下复选框。

① 【保存到"已发送"】复选框：如选中该复选框，在单击【发送】按钮时可将发送的邮件保存到【已发送邮件】中。

② 【紧急】复选框：如选中该复选框，则邮件发出去后，在收件人的邮箱中将显示为紧急邮件。

③ 【需要回执】复选框：如选中该复选框，则当收件人打开邮件时，发件人会收到回执。

（4）发送带附件（包括图片等）的邮件。

① 发送邮件时，在邮件发送页面中单击【添加附件】按钮。

② 在弹出的【打开】对话框中选择需要发送的文件，单击【打开】按钮将文件添加到邮件中。

③ 单击【发送】按钮发送邮件。

（5）一信多发。可以用一信多发的方法向多个收件人同时发送内容相同的邮件。

① 将多个收件人的地址依次输入【收件人】栏中，地址之间用半角分号（；）分隔。

② 将收件人的地址分别输入【收件人】栏和【抄送】栏中，地址之间用（，）分隔。

③ 可以将收件人的地址输入【密送】栏中，这样这封邮件的其他收件人就不会看到【密送】栏中的收件人。

（6）回复邮件。阅读邮件后，单击【回复】按钮可进入邮件发送页面，此时【收件人】栏中已自动填写收件人的地址。在正文区内直接输入回复的内容，然后单击【发送】按钮即可回复邮件。

（7）转发邮件。阅读邮件后如果认为需转发给其他人，可单击【转发】按钮，进入邮件发送页面，【主题】栏中有"转发"字样，正文区内为原邮件内容。用户可在【收件人】栏中输入要转发到的地址，然后单击【发送】按钮完成转发。

（8）联系人。QQ 邮箱中的联系人分为最近联系人和 QQ 好友，通信录中保存了最近收到的电子邮件的发件人地址，以及 QQ 好友的 QQ 电子邮箱地址。使用通信录可减少输入错误、节省时间。

四、巩固练习

（1）利用搜索引擎查找你喜欢的网页，将这些网页添加到收藏夹，并对收藏夹进行分类整理。

（2）利用搜索引擎查找你要收集的图片与文本信息，下载并保存它们。

（3）利用聊天工具与同学进行在线交流。

（4）尝试在 BBS 论坛上发表留言（选做）。

（5）从学校的 FTP 文件服务器下载相关文件，如登录学校作业管理系统、下载相关文件，以及提交作业。

（6）在网易邮箱页面进行注册与登录，并在该邮箱中进行电子邮件的管理。

第 7 章

程序设计基础实验

　　计算机之所以能自动地处理问题是因为计算机内存储了解决问题的程序并能自动执行程序。作为大学生，不仅应掌握计算机应用软件的操作，也要学习程序设计方法，结合自己的专业编写程序，以提高利用计算机解决实际问题的应用能力。

　　目前，常用的高级编程语言有 C 语言和 Python 等，本章将介绍使用 C 语言、Python 编写程序及运行程序的基本方法。

实验十四　C 程序的编写与运行

一、实验目的

（1）了解 Microsoft Visual C++ 6.0 的集成环境。

（2）掌握 C 程序的编写方法。

（3）通过运行简单的 C 程序，初步了解程序设计的特点。

二、预备知识

1. VC 6.0 集成环境

Microsoft Visual C++ 6.0 简称 VC 6.0，是微软于 1998 年推出的一款 C++编译器，集成了微软基础类（Microsoft Foundation Classes，MFC）6.0。VC 6.0 集源程序的编写、编译、链接、调试、运行及应用程序的文件管理于一体，是目前 PC 上较为流行的 C++程序开发环境，也能编译 C 语言程序。

2. 程序设计步骤

在计算机中，程序是指计算机为实现特定目标或解决特定问题所必须执行的一系列指令集合。程序设计是为计算机规划、安排解题步骤的过程，小型程序设计一般包含以下 4 个基本步骤。

（1）分析问题，一般可以根据数学知识分析得到。

（2）设计解决问题的基本步骤，即通常所说的算法。

（3）根据第 2 步的设计结果编写程序。

（4）测试和调试程序。测试中发现问题可一步步回溯，查看问题出在哪个环节，直到测试通过。这样做一方面可以最大限度地保证程序的正确性，另一方面可以评估程序的性能。

三、实验内容与实验过程

1. 启动 VC6.0

Windows 环境下：双击桌面上的【Visual C++ 6.0】图标 ，进入 VC 编译环境。

2. 创建 C 源文件

（1）选择【文件】菜单中的【新建】命令。

（2）在【新建】对话框中选择【文件】标签。

（3）选择【C++ Source File】，如图 14-1 所示。

（4）输入文件名 "T1.c"，并设置文件存放位置为 "d:\C 程序" 文件夹。

（5）单击【确定】按钮后在文本区域输入以下程序代码。

```
#include <stdio.h>
int main()
{
    printf("This is a first C program.\n");
    return 0;
}
```

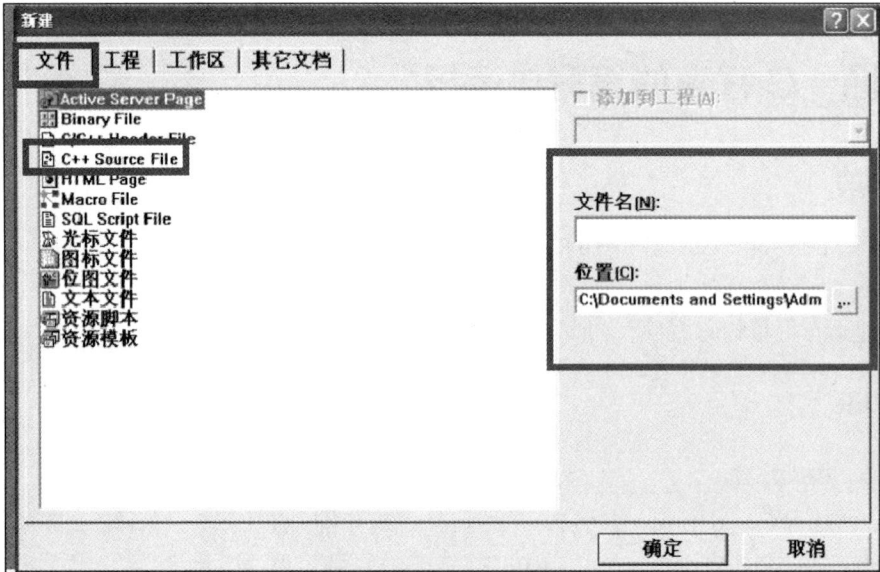

图 14-1 【新建】对话框

（6）单击【保存】按钮。

3. 运行 C 程序

（1）编译程序。

选择【组建】菜单中的【编译】命令。

（2）组建程序。

选择【组建】菜单中的【组建】命令。

（3）运行程序。

选择【组建】菜单中的【执行】命令，也可直接单击编译微型条中的对应按钮，如图 14-2 所示。

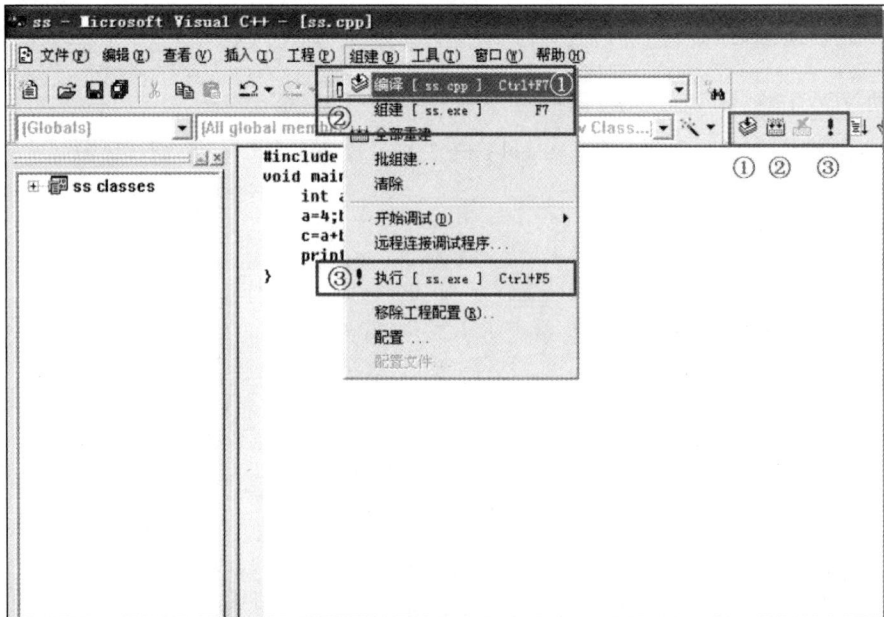

图 14-2　编译微型条中的按钮

（4）观察运行结果。

（5）关闭 C 程序。

选择【文件】菜单中的【关闭工作空间】命令。

4.　编写 C 程序

求 1×2×3×4×5 的结果，然后保存并运行程序（文件名为 T2.cpp），具体步骤如下。

（1）分析问题，设计基本步骤：设有两个变量，变量 t 代表被乘数，变量 i 代表乘数，用循环算法可以求出结果。

第一步：使 t=1。

第二步：使 i=2。

第三步：使 t*i 的乘积仍放在变量 t 中，可表示为 t*i=t。

第四步：使 i 的值加 1，即 i+1=i。

第五步：如果 i 不大于 5，重新执行第三、四步；否则，程序结束，最后得到的 t 的值就是 5! 的值。

（2）根据设计结果编写程序，参考代码如下。

```c
#include <stdio.h>
int main( )
{
    int i,t;
    t=1;i=2;
    while(i<=5)
    {
    t=t*i;
    i=i+1;
    }
    printf("%d\n",t);
    return 0;
}
```

（3）运行程序并观察程序运行结果。

四、巩固练习

1.　编写程序求 1+2+3+…+100 的结果。

2.　设圆半径 r=2、圆柱高 h=3，编写程序求圆周长、圆面积和圆柱的体积。要求用 scanf 输入数据 r 和 h，输出计算结果。

实验十五 Python 程序的编写与运行

一、实验目的

（1）了解 Python。
（2）了解 PyCharm 集成环境。
（3）掌握在 PyCharm 集成环境中编写、编译、连接和运行 Python 程序的方法。

二、预备知识

1. Python

Python 由荷兰国家数学与计算机科学研究中心的吉多·范罗苏姆（Guido Van Rossum）于 20 世纪 90 年代初设计。Python 提供了多种高级数据结构，且支持面向对象编程。Python 是动态类型、解释型语言，其语法简单，是编写脚本和快速开发应用的常用编程语言。随着版本的不断更新和新功能的添加，Python 逐渐被用于独立的、大型项目的开发。

Python 比较适合新手学习，Python 解释器易于扩展，可以使用 C、C++或其他可以通过 C 调用的语言扩展新的功能和数据类型。Python 也可用于可订制化软件中的扩展程序语言。Python 丰富的标准库提供了适用于主要系统平台的源代码或机器码。

2. PyCharm 集成开发环境

PyCharm 是专为 Python 开发者设计的集成开发环境（Integrated Development Environment，IDE）。它提供了丰富的功能和工具，可以帮助开发者更高效地编写、调试和部署 Python 代码。PyCharm 具有智能代码补全、语法检查、调试器、版本控制等功能，使得开发过程更加流畅。此外，PyCharm 还支持 Django、Flask、科学计算库等多种框架和扩展，可满足各种项目需求。无论是对初学者，还是经验丰富的开发者来说，PyCharm 都是一个强大且友好的开发工具。

三、实验内容与实验过程

1. 搭建 Python 开发环境

（1）下载 Python。

进入 Python 官网，如图 15-1 所示，单击【Downloads】按钮，选择合适的版本进行下载（Windows 10 操作系统建议选择【Download Windows installer (64-bit)】）。

（2）安装 Python。

双击下载好的文件进行安装，在安装过程中，注意选中【Add python.exe to PATH】复选框，如图 15-2 所示。这样可以在安装过程中自动配置 PATH 环境变量，避免安装后再手动配置。

（3）检查是否安装成功。

按 Win+R 组合键，打开【运行】对话框，在其中输入"CMD"，打开命令控制窗口。在该窗口中输入"python"后按 Enter 键，如果出现图 15-3 所示的提示信息，表示 Python 安装成功。

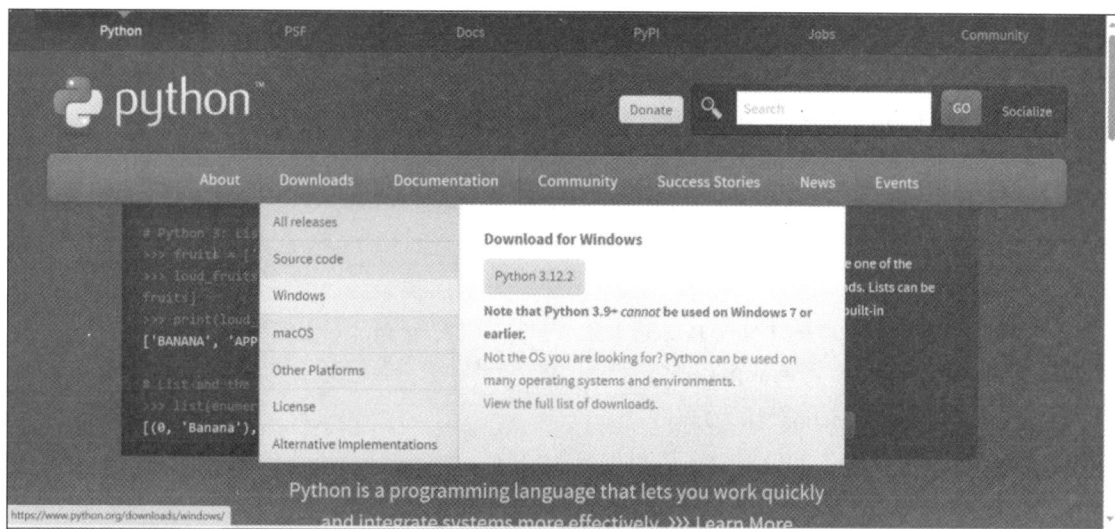

图 15-1 Python 官网

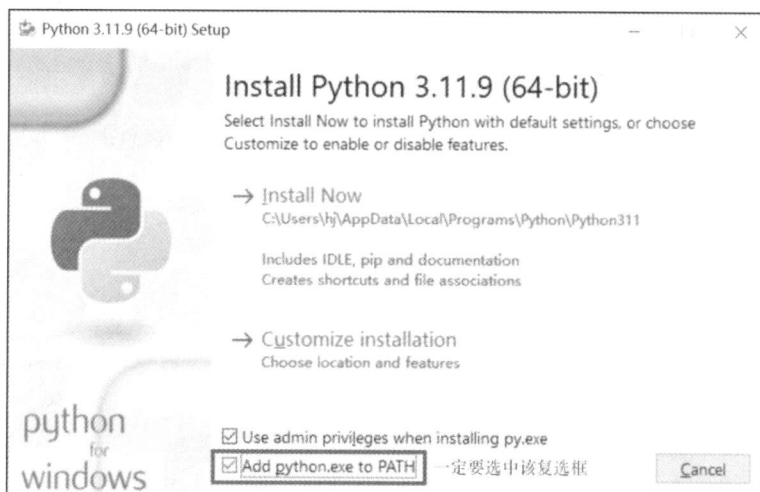

图 15-2 Python 安装界面

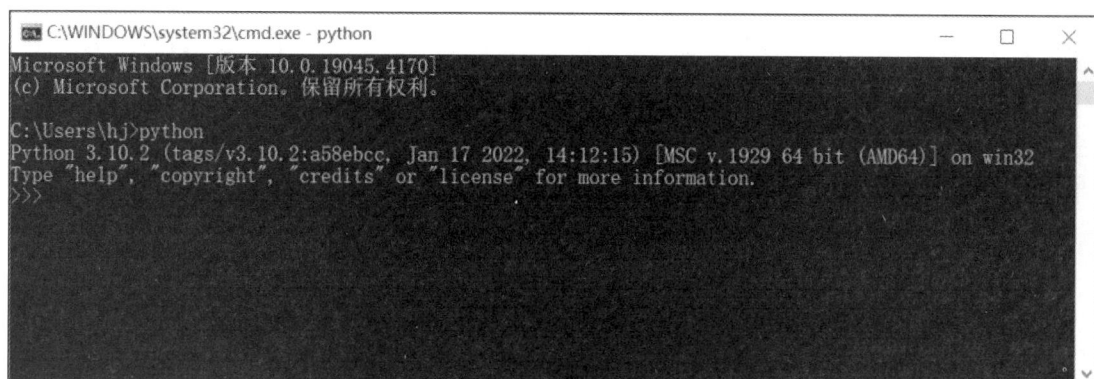

图 15-3 命令控制窗口

2. 在 PyCharm 集成开发环境中编写 Python 程序

Python 安装成功后，可以使用自带的集成开发环境 IDLE（Integrated Development and Learing

Environment，集成开发和学习环境）编写 Python 程序，但更多人会选择使用第三方集成开发环境进行 Python 编程，如 PyCharm、Jupyter Notebook 等。下面介绍在 PyCharm 集成开发环境中编写 Python 程序的步骤（PyCharm 需要另外下载安装）。

（1）进入 PyCharm 工作环境。

Windows 10 环境下：双击桌面上的【PyCharm Community Edition 2023.3.3】图标，进入 PyCharm 工作环境。

（2）创建新项目。

① 选择【File】菜单中的【New Project】命令，打开【New Project】对话框。

② 修改工程名 Name 为 "myProject"。

③ 修改工程位置 Location 为 "D:\py"。

④ 修改 Python version 的位置为安装 Python 的位置。

⑤ 单击【Create】按钮，如图 15-4 所示，完成新项目的创建。

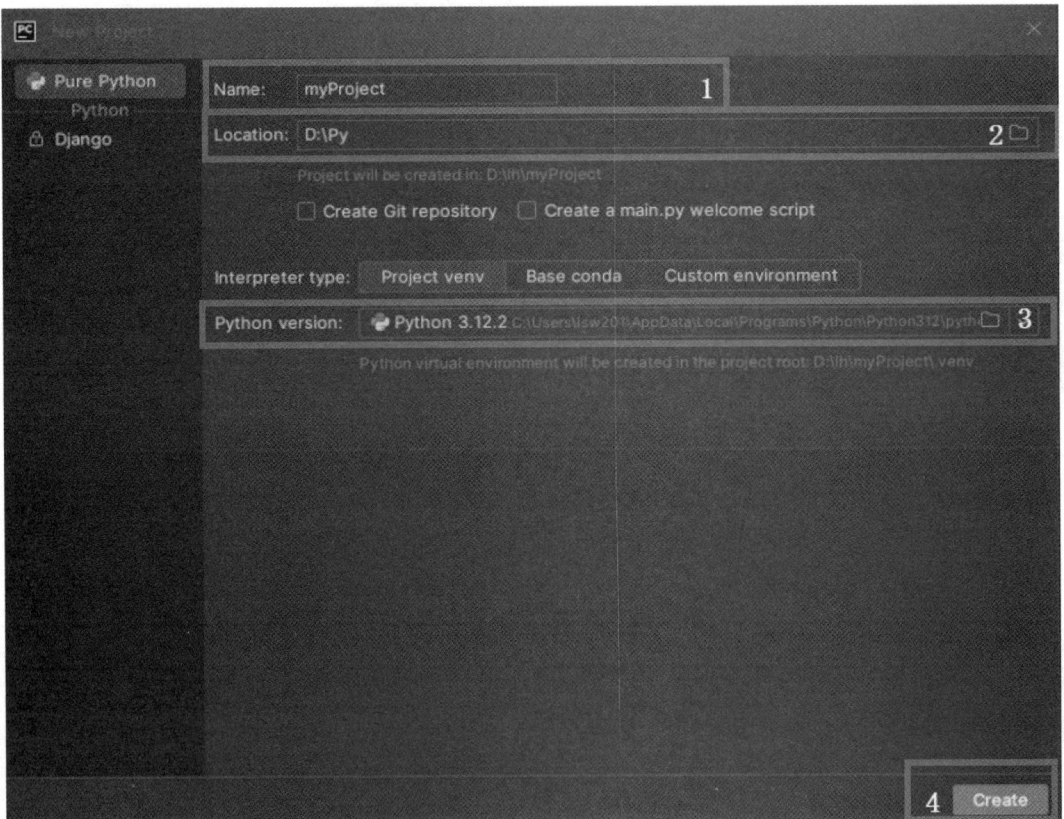

图 15-4 【New Project】对话框

（3）新建 Python 文件。

① 创建新项目后，窗口左边会出现项目导航栏，如图 15-5 所示。右击根目录【myProject】，在弹出的快捷菜单中选择【New】|【Directory】命令，打开【New Directory】对话框，输入 "实验"。

② 在 "实验" 文件夹上单击鼠标右键，在弹出的快捷菜单中选择【New】|【File】命令，打开【New File】对话框，输入 "1.1.py"。

③ 在右边的程序编辑区输入以下代码。

```
#我的第一个python程序
print("欢迎来到Python世界")
print("我们使用Python对工程中的所有数据进行分析")
```

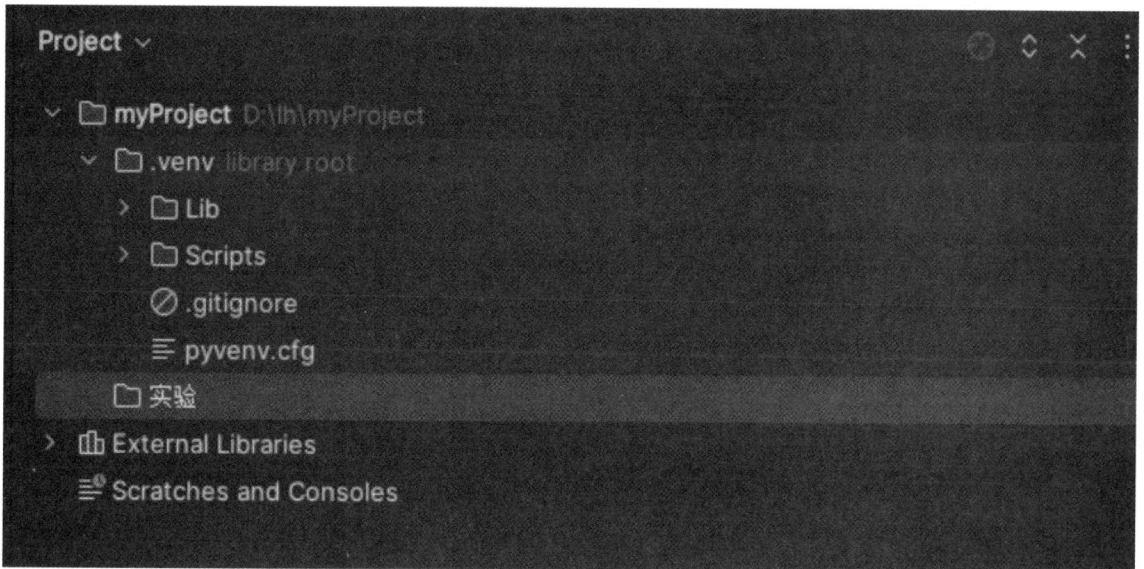

图 15-5　项目导航栏

（4）运行 Python 文件。

在编辑区任意位置单击鼠标右键，在弹出的快捷菜单中选择【run 1.1】命令或按 Ctrl+Shift+F10 组合键，运行 1.1.py，运行结果如图 15-6 所示。

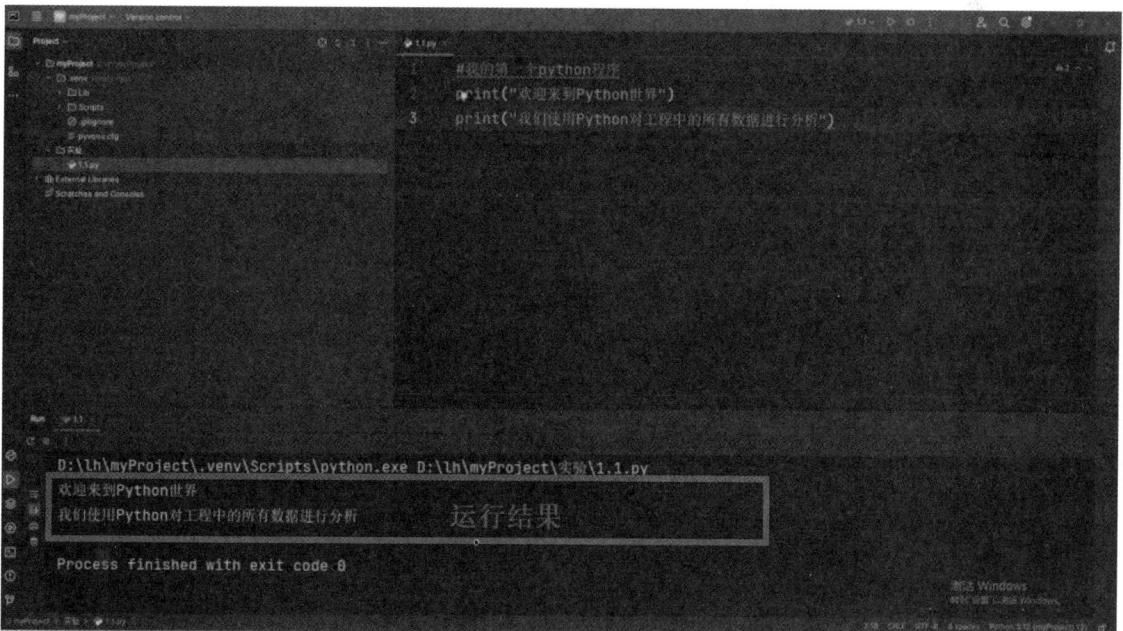

图 15-6　运行结果

四、巩固练习

1. 在实验十五新建的项目中新建一个目录"Myprogram"，并在此目录下新建"1. 2.py"文件。
2. 输入以下代码并运行程序。

```
age=int(input("请输入你的年龄："))
if   age<=14:
     print("儿童")
elif age<=18:
     print("青少年")
elif age<=40:
     print("青年")
else :
     print("中老年")
```

附录 A

模拟习题及参考答案

模拟题一

1. 你认为最能反映计算机主要功能的是_____。
    A. 代替人的脑力劳动
    B. 存储大量的信息
    C. 数据共享
    D. 信息处理

2. 火箭发射中使用计算机技术，属于_____。
    A. 科学计算
    B. 系统仿真
    C. 实时控制
    D. 数据处理

3. 物联网的核心和基础仍然是_____。
    A. RFID
    B. 计算机技术
    C. 人工智能
    D. 互联网

4. 目前，为宽带用户提供稳定和流畅的视频播放效果所采用的主要技术是_____。
    A. 操作系统
    B. 闪存技术
    C. 流媒体技术
    D. 光存储技术

5. 关于微机核心部件 CPU，下面说法错误的是_____。
    A. CPU 是指中央处理器
    B. CPU 可以替代存储器
    C. PC 机的 CPU 也称为微处理器
    D. CPU 是计算机的核心部件

6. 内存中的每个基本单元都有唯一的编号，称为这个内存单元的_____。
    A. 字节
    B. 号码
    C. 地址
    D. 容量

7. 下列关于外存储器的描述，错误的是_____。
    A. CPU 不能直接访问外存储器中的信息，必须读到内存才能访问
    B. 外存储器既是输入设备，又是输出设备
    C. 外存储器中存储的信息和内存一样，在断电后也会丢失
    D. 簇是磁盘访问的最小单位

8. 一般显示器的分辨率用_____表示。

    A. 能显示多少个字符

    B. 能显示的信息量

    C. 横向点数×纵向点数

    D. 能显示的颜色数

9. 位是计算机中表示信息的最小单位，微机中 1KB 表示的二进制位数是_____。

    A. 1000

    B. 8000

    C. 1024

    D. 8192

10. 在微型计算机中，主板上有若干个 I/O 扩展槽，其作用是_____。

    A. 连接外设接口卡

    B. 连接 CPU 和存储器

    C. 连接主机和总线

    D. 连接存储器和电源

11. 结构化程序设计的 3 种基本控制结构是_____。

    A. 顺序、选择和转向

    B. 层次、网状和循环

    C. 模块、选择和循环

    D. 顺序、循环和选择

12. 计算机系统软件中的核心软件是_____。

    A. 操作系统

    B. 数据库管理系统

    C. 编译软件

    D. 语言处理程序

13. 计算机能直接识别和执行的语言是_____。

    A. 机器语言

    B. 高级语言

    C. 数据库语言

    D. 汇编语言

14. 下列关于计算机软件版权的叙述，错误的是_____。

    A. 计算机软件是享有著作保护权的作品

    B. 未经软件著作人的同意，复制其软件的行为是侵权行为

    C. 在自己的计算机中可以使用朋友的单机版正版软件注册码激活软件

    D. 制作盗版软件是一种违法行为

15. 下面关于操作系统的叙述中，错误的是_____。

    A. 操作系统是用户与计算机之间的接口

    B. 操作系统直接作用于硬件上，并为其他应用软件提供支持

    C. 操作系统可分为单用户、多用户等类型

    D. 操作系统可直接编译高级语言源程序并执行

16. 在 Windows 操作系统中，撤销一次或多次操作，可以用下面的_____命令。

    A. Ctrl+Z

    B. Alt+Z

    C. Ctrl+V

    D. Ctrl+F

17. 对于 Windows 的控制面板，以下说法错误的是_____。

    A. 控制面板是一个专门用来管理计算机系统的应用程序

    B. 在控制面板中无法删除计算机中已经安装的声卡设备

    C. 在经典视图中，对于控制面板中的项目，可以在桌面上创建其快捷方式

    D. 可以通过控制面板卸载一个已经安装的应用程序

18. 关于 Word 中分页符的描述，错误的是_____。

    A. 分页符的作用是分页

    B. 按 Ctrl+Shift+Enter 组合键可以插入分页符

    C. 在草稿视图下分页符以虚线显示

    D. 分页符不可以删除

19. 在 Word 表格中，拆分单元格指的是_____。

    A. 对表格中选取的单元格按行和列进行拆分

    B. 将表格从某两列之间分为左右两个表格

    C. 从表格的中间把原来的表格分为两个表格

    D. 将表格中指定的一个区域单独保存为另一个表格

20. 用 Excel 可以创建各类图表。常用_____显示每个值占总值的比例。

    A. 条形图

    B. 折线图

    C. 饼图

    D. 面积图

21. 在 Excel 中，工作表的 D5 单元格中存在公式 "=B5+C5"，若在工作表第二行插入新行，原单元格中的内容为_____。

    A. =B5+C5

    B. =B6+C6

    C. 出错

    D. 空白

22. 下列关于网络特点的叙述中，错误的是_____。

    A. 网络中的数据可以共享

    B. 网络中的外部设备可以共享

    C. 网络中的所有计算机必须是同一品牌、同一型号

    D. 网络方便了信息的传递和交换

23. 下面关于 Wi-Fi 的说法，正确的是_____。

    A. Wi-Fi 是一种可以将个人电脑、手持设备（如平板电脑、手机）等终端以无线方式互相连接的技术

    B. 严格意义上来讲，Wi-Fi 就是我们常说的 WLAN

  C. Wi-Fi 就是中国移动提供的无线网络服务

  D. 蓝牙就是 Wi-Fi

24. 通常说的百兆局域网的网络速度是_____。

  A. 100MB/s（B 代表字节）

  B. 100B/s（B 代表字节）

  C. 100Mb/s（b 代表位）

  D. 100b/s（b 代表位）

25. 下列各项中，_____不可能是 Internet 的 IP 地址。

  A. 202.102.192.14

  B. 211.86.1.120

  C. 64.300.12.1

  D. 202.112.186.34

26. 每台计算机必须知道对方的_____才能在 Internet 上与之通信。

  A. 电话号码

  B. 主机号

  C. IP 地址

  D. 邮编与通信地址

27. 下列关于电子邮件的描述，错误的是_____。

  A. 可以没有内容

  B. 可以没有附件

  C. 可以没有主题

  D. 可以没有收件人邮箱地址

28. _____是幻灯片层次结构中的顶层幻灯片，用于存储有关演示文稿的主题和幻灯片版式的信息，包括背景、颜色、字体、效果、占位符大小和位置。

  A. 版式

  B. 幻灯片母版

  C. 幻灯片放映

  D. 超链接

29. 计算机网络按威胁对象大体可分为两种：一是对网络中信息的威胁；二是_____。

  A. 人为破坏

  B. 对网络中设备的威胁

  C. 病毒威胁

  D. 对网络人员的威胁

30. 每种网络威胁都有其目的，网络钓鱼发布者想要实现_____的目的。

  A. 破坏计算机系统

  B. 单纯地对某网页进行挂马

  C. 体现黑客的技术

  D. 窃取个人隐私信息

模拟题二

1. 把计算机分为巨型机、大型机、中型机、小型机和微型机，本质上是按_____划分。
   A. 计算机的体积
   B. CPU 的集成度
   C. 计算机总体规模和运算速度
   D. 计算机的存储容量

2. CAD 是计算机主要应用领域之一，其含义是_____。
   A. 计算机辅助制造
   B. 计算机辅助设计
   C. 计算机辅助测试
   D. 计算机辅助教学

3. _____是指用计算机模拟人类的智能。
   A. 数据处理
   B. 自动控制
   C. 人工智能
   D. 计算机辅助系统

4. 为了减少多媒体数据所占用的存储空间，一般都采用_____。
   A. 存储缓冲技术
   B. 数据压缩技术
   C. 多通道技术
   D. 流媒体技术

5. 以下描述错误的是_____。
   A. 计算机的字长等于 1 字节的长度
   B. ASCII 编码长度为 1 字节
   C. 计算机文件采用二进制形式存储
   D. 计算机内部存储的信息是由 0、1 这两个数字组成的

6. 微型计算机在使用中如果断电，_____中的数据会丢失。
   A. ROM
   B. RAM
   C. 硬盘
   D. 优盘

7. 新硬盘在使用前，首先应经过以下几步处理：低级格式化、_____。
   A. 磁盘复制、硬盘分区
   B. 硬盘分区、磁盘复制
   C. 硬盘分区、高级格式化
   D. 磁盘清理

8. 某 800 万像素的数码相机，拍摄照片的最高分辨率大约是_____。
   A. 3200 像素×2400 像素
   B. 2048 像素×1600 像素
   C. 1600 像素×1200 像素
   D. 1024 像素×768 像素

9. 将二进制数 10000001 转换为十进制数，结果是_____。
   A. 126
   B. 127
   C. 128
   D. 129

10. 计算机指令由两部分组成，它们是_____。
    A. 运算符和运算数
    B. 操作数和结果
    C. 操作码和地址数
    D. 数据和字符

11. 程序是_____。
    A. 解决某个问题的计算机语言的有限命令的有序集合
    B. 解决某个问题的文档资料
    C. 计算机语言
    D. 计算机的基本操作

12. 对计算机软件，正确的认识应该是_____。
    A. 计算机软件不需要维护
    B. 计算机软件只要能复制就不必购买
    C. 受法律保护的计算机软件不能随便复制
    D. 计算机软件不必备份

13. 汇编语言是一种_____。
    A. 依赖于计算机的低级程序设计语言
    B. 计算机能直接执行的程序设计语言
    C. 独立于计算机的高级程序设计语言
    D. 面向问题的程序设计语言

14. 下面违反法律、道德规范的行为是_____。
    A. 给不认识的人发电子邮件
    B. 利用微博发布广告
    C. 利用微博转发未经核实的攻击他人的文章
    D. 利用微博发表对某件事情的看法

15. 操作系统为用户提供了操作界面，其主要功能是_____。
    A. 用户可以直接进行网络视频通信
    B. 用户可以直接进行各种多媒体对象的欣赏
    C. 用户可以直接进行程序设计、调试和运行
    D. 用户可以用某种方式和命令启动、控制和操作计算机

16. 在 Windows 中，要取消选择已经选中的多个文件中的一个，应该按住_____键再单击要取消选择的文件。
    A. Ctrl
    B. Shift
    C. Alt
    D. Esc

17. 文件的存取控制属性中，只读的含义是指该文件只能读而不能_____。
    A. 修改
    B. 删除
    C. 复制
    D. 移动

18. 下列关于 Word 文档中"节"的说法，错误的是_____。
    A. 整个文档可以是一个节，也可以将文档分成几个节
    B. 分节符由两条点线组成，点线中间有"节的结尾"4 个字
    C. 分节符在 Web 视图中不可见
    D. 不同节可采用不同的格式排版

19. 在 Word 中，段落对齐方式中的"分散对齐"指的是_____。
    A. 左右两端都对齐，字符少的加大间隔，把字符分散开以使两端对齐
    B. 左右两端都要对齐，字符少的靠左对齐
    C. 或者左对齐或者右对齐，统一就行
    D. 段落的首行右对齐，末行左对齐

20. 在 Excel 工作表中，_____是混合地址引用。
    A. C7
    B. $B$3
    C. F$8
    D. A1

21. 在 Excel 中，已知 C1 单元格中的值为 6，D1 单元格中的值为 2。在单元格中输入的公式，错误的是_____。
    A. =C1*D1
    B. =C1/D1
    C. =C1"OR"D1
    D. =OR(C1,D1)

22. 反映宽带通信网络网速的主要指标是_____。
    A. 带宽
    B. 带通
    C. 带阻
    D. 宽带

23. 通常，用一个交换机作为中央节点的网络拓扑结构是_____。
    A. 总线型
    B. 环型

C. 星型

D. 层次型

24. Internet 属于_____。

A. 局域网

B. 城域网

C. 广域网

D. 企业网

25. 网络协议是_____。

A. IPX

B. 为网络数据交换而制定的规则、约定与标准的集合

C. TCP/IP

D. NETBEUI

26. 下列关于搜索引擎的叙述中，错误的是_____。

A. 搜索引擎是一种程序

B. 搜索引擎能查找网址

C. 搜索引擎是用于网上信息查询的搜索工具

D. 搜索引擎所搜到的信息都是网上的实时信息

27. 当我们收发电子邮件时，由于_____，邮件可能无法发出。

A. 接收方计算机关闭

B. 邮件正文是 Word 文档

C. 发送方的邮件服务器关闭或出现故障

D. 接收方计算机与邮件服务器不在一个子网

28. 在 PowerPoint 中，下列关于幻灯片的超链接的叙述，错误的是_____。

A. 可以链接到外部文档

B. 可以链接到某个网址

C. 可以在链接点所在文档内部的不同位置进行链接

D. 一个链接点可以链接两个以上的目标

29. 计算机病毒的特点主要表现在_____。

A. 破坏性、隐蔽性、传染性和可读性

B. 破坏性、隐蔽性、传染性和潜伏性

C. 破坏性、隐蔽性、潜伏性和应用性

D. 应用性、隐蔽性、潜伏性和继承性

30. 目前，电子商务应用范围广泛，电子商务的安全问题主要有_____。

A. 加密

B. 防火墙是否有效

C. 数据泄露或篡改、冒名发送、非法访问

D. 交易用户多

模拟题三

1. 电子计算机与其他计算工具的本质区别是_____。

    A. 能进行算术运算

    B. 运算速度快

    C. 计算精度高

    D. 存储并自动执行程序

2. 银行使用计算机完成客户存款的通存通兑业务在计算机应用上属于_____。

    A. 过程控制

    B. 文件处理

    C. 数据处理

    D. 人工智能

3. 物联网的实现主要依赖的一种关键技术 RFID 是指_____。

    A. 传感技术

    B. 嵌入式技术

    C. 射频识别技术

    D. 位置服务技术

4. 下列各项中，不属于多媒体硬件的是_____。

    A. 视频采集卡

    B. 声卡

    C. 网银 U 盾

    D. 摄像头

5. 计算机中使用的多内核处理器的主要作用是_____。

    A. 降低了处理多媒体数据的速度

    B. 处理信息的能力和单核相比，加快了 1 倍

    C. 加快了处理多任务的速度

    D. 加快了从硬盘读取数据的速度

6. 在微机中，内存的容量通常是指_____。

    A. RAM 的容量

    B. ROM 的容量

    C. RAM 和 ROM 的容量之和

    D. 硬盘的容量

7. 下列有关存储器读写速度排列，正确的是_____。

    A. RAM>Cache>硬盘

    B. Cache>RAM>硬盘

    C. Cache>硬盘>RAM

    D. RAM>硬盘>Cache

8. 假设显示器的分辨率为 1024 像素×768 像素，每个像素点用 24 位真彩色显示，其显示一幅图像所需容量是_____字节。

    A.　1024×768×24

    B.　1024×768×3

    C.　1024×768×2

    D.　1024×768

9. 11001001+00100111 两个二进制数算术加的结果是_____。

    A.　11101111

    B.　11110000

    C.　00000001

    D.　10100010

10. 计算机系统层次结构中，最底层的是_____。

    A.　机器硬件

    B.　操作系统

    C.　应用软件

    D.　用户

11. _____是计算机中对解决问题的有穷操作步骤的描述，它直接影响程序的优劣。

    A.　算法

    B.　数据结构

    C.　软件

    D.　程序

12. 在关系数据库中，实体集合可看成一张二维表，则实体的属性是_____。

    A.　二维表

    B.　二维表的行

    C.　二维表的列

    D.　二维表中的一个数据项

13. 以下关于机器语言的描述中，错误的是_____。

    A.　机器语言和其他语言相比，执行效率高

    B.　计算机的指令系统就是机器指令集合

    C.　机器语言是唯一能被计算机直接识别的语言

    D.　机器语言可读性强，容易记忆

14. 以下符合网络道德规范的是_____。

    A.　破解别人密码，但未破坏其数据

    B.　通过网络向别人的计算机传播病毒

    C.　利用互联网进行"人肉搜索"

    D.　在自己的计算机上演示病毒，以观察其执行过程

15. 以下操作系统中，不是多任务操作系统的是_____。

    A.　MS-DOS

    B.　Windows

    C.　UNIX

D. Linux

16. 在 Windows 中，鼠标指针呈四箭头形状时，一般表示_____。
    A. 选择菜单
    B. 用户等待
    C. 完成操作
    D. 选中对象可以上、下、左、右拖曳

17. Windows 中，下列有关文件或文件夹属性的说法，错误的是_____。
    A. 所有文件或文件夹都有自己的属性
    B. 文件存盘后，属性就不可以改变
    C. 用户可以重新设置文件或文件夹属性
    D. 文件或文件夹的属性包括只读、隐藏、存档等

18. 在 Word 中，选择一个矩形块时，应按住_____键并按下鼠标左键拖曳。
    A. Ctrl
    B. Shift
    C. Alt
    D. Tab

19. 在 Word 中绘制正方形或圆形时，应按住_____键的同时拖曳鼠标。
    A. Tab
    B. Alt
    C. Shift
    D. Ctrl

20. 若要在 Excel 单元格中输入分数"1/10"，正确的输入为_____。
    A. 1/10
    B. 10/1
    C. 0 1/10
    D. 0.1

21. 在 Excel 中，工作表的 D7 单元格内存在公式"=A7+$B$4"，若在第 3 行处插入新行，则插入后原单元格中的内容为_____。
    A. =A8+$B$4
    B. =A8+$B$5
    C. =A7+$B$4
    D. =A7+$B$5

22. 网络通信中，网速与_____无关。
    A. 网卡
    B. 运营商开放的带宽
    C. 单位时间内访问量的大小
    D. 硬盘大小

23. 网络的_____称为拓扑结构。
    A. 接入的计算机多少
    B. 物理连接的构型

C. 物理介质种类

D. 接入的计算机距离

24. 在计算机网络术语中，WAN 表示_____。

   A. 局域网

   B. 广域网

   C. 有线网

   D. 无线网

25. TCP/IP 协议中的 TCP 是指_____。

   A. 文件传输协议

   B. 邮件传输协议

   C. 网际协议

   D. 传输控制协议

26. 要在 Web 浏览器中查看某一公司的主页，必须知道_____。

   A. 该公司的电子邮箱地址

   B. 该公司所在的省市

   C. 该公司的邮政编码

   D. 该公司的网站地址

27. 下面关于电子邮件的描述中，正确的是_____。

   A. 一封邮件只能发给一个人

   B. 不能给自己发送邮件

   C. 一封邮件能发给多个人

   D. 不能将邮件转发给他人

28. 在 PowerPoint 中，幻灯片_____是特殊的幻灯片，包含已设定格式的占位符，这些占位符是为标题、主要文本和所有幻灯片中出现的背景项目而设置的。

   A. 模板

   B. 母版

   C. 版式

   D. 样式

29. 在互联网中，_____是常用于盗取用户账号的病毒。

   A. 木马

   B. 蠕虫

   C. 灰鸽子

   D. 尼姆达

30. 防火墙软件一般用在_____。

   A. 工作站与工作站之间

   B. 服务器与服务器之间

   C. 工作站与服务器之间

   D. 网络与网络之间

模拟题四

1. 以下关于信息处理的论述，正确的是_____。
   A. 信息处理包括信息收集、信息加工、信息存储、信息传递等内容
   B. 同学们对一段课文总结中心思想不能算是信息加工过程
   C. 信息传递不是信息处理的内容
   D. 信息的存储只能使用计算机的磁盘

2. 使用计算机解决科学研究与工程计算中的数学问题属于_____。
   A. 科学计算
   B. 计算机辅助制造
   C. 过程控制
   D. 娱乐休闲

3. 云计算提供的服务不包括_____。
   A. 基础设施即服务
   B. 平台即服务
   C. 软件即服务
   D. 所见即服务

4. 下列选项中，属于视频文件格式的是_____。
   A. .avi
   B. .jpeg
   C. .mp3
   D. .bmp

5. 字长是衡量 CPU 性能的主要技术指标之一，它表示的是_____。
   A. CPU 的计算结果的有效数字长度
   B. CPU 一次能处理二进制数据的位数
   C. CPU 能表示的最大有效数字位数
   D. CPU 能表示的十进制整数的位数

6. 在微机内存储器中，其内容由生产厂家事先写好的，并且一般不能改变的是_____存储器。
   A. SDRAM
   B. DRAM
   C. ROM
   D. SRAM

7. 在计算机中，采用虚拟存储技术是为了_____。
   A. 提高主存储器的速度
   B. 扩大外存储器的容量
   C. 扩大主存储器的空间
   D. 提高外存储器的速度

8. 下面关于显示器的叙述中，错误的是_____。

    A. 显示器的分辨率与微处理器的型号有关

    B. 显示器的分辨率为 1024 像素×768 像素，表示屏幕每行有 1024 个点，每列有 768 个点

    C. 显卡是驱动、控制显示器以显示文本、图形、图像信息的硬件

    D. 像素是显示屏上能独立赋予颜色和亮度的最小单位

9. 十六进制数 2A 转换为十进制数为_____。

    A. 20

    B. 42

    C. 34

    D. 40

10. 以下对系统总线的描述，错误的是_____。

    A. 系统总线分为信息总线和控制总线两种

    B. 系统总线可分为内总线、外总线。其中，内部总线也称为片间总线

    C. 系统总线的英文表示是 BUS

    D. 系统总线可分为数据总线、地址总线、控制总线

11. 计算机程序主要由算法和数据结构组成。计算机中对解决问题的有穷操作步骤的描述称为_____，它直接影响程序的优劣。

    A. 算法

    B. 数据结构

    C. 算法与数据结构

    D. 程序

12. 下列关于系统软件与应用软件的安装与运行的说法中，正确的是_____。

    A. 首先安装哪一个无所谓

    B. 两者同时安装

    C. 必须先安装应用软件，后安装并运行系统软件

    D. 必须先安装系统软件，后安装应用软件

13. 以下关于汇编语言的描述，错误的是_____。

    A. 汇编语言使用的是指令助记符

    B. 汇编程序是一种不再依赖于机器的语言

    C. 汇编语言是一种低级语言

    D. 汇编语言不再使用难以记忆的二进制代码

14. 体现我国政府对计算机软件知识产权进行保护的第一部政策法规是_____。

    A.《计算机软件保护条例》

    B.《中华人民共和国技术合同法》

    C.《计算机软件著作权登记》

    D.《中华人民共和国著作权法》

15. 下列各选项中，_____功能不是操作系统所具有的。

    A. 绩效管理

    B. 文件管理

C. 存储管理

D. CPU 管理

16. 下列有关回收站的说法中，正确的是_____。

    A. 回收站中的文件和文件夹都是可以还原的

    B. 回收站中的文件和文件夹都是不可以还原的

    C. 回收站中的文件是可以还原的，但文件夹是不可以还原的

    D. 回收站中的文件夹是可以还原的，但文件是不可以还原的

17. 在 Windows 中，如果要彻底删除系统中已安装的应用软件，正确的方法是_____。

    A. 用控制面板或软件自带的卸载程序删除软件

    B. 对磁盘进行碎片整理操作

    C. 直接找到该文件或文件夹进行删除操作

    D. 删除该文件及快捷图标

18. 在 Word 中，下列关于查找、替换功能的叙述，正确的是_____。

    A. 不可以指定查找文字的格式，但可以指定替换文字的格式

    B. 不可以指定查找文字的格式，也不可以指定替换文字的格式

    C. 可以指定查找文字的格式，但不可以指定替换文字的格式

    D. 可以指定查找文字的格式，也可以指定替换文字的格式

19. Word 的文本框可用于将文本置于文档的指定位置，但文本框中不能直接插入_____。

    A. 文本内容

    B. 图片

    C. 形状

    D. 特殊符号

20. 在 Excel 单元格中输入"_____"可以使该单元格显示为 0.5。

    A. 1/2

    B. 0 1/2

    C. =1/2

    D. '1/2

21. 在 Excel 中，若在工作簿 Book1 的工作表 Sheet2 的 C1 单元格内输入公式时需要引用工作簿 Book2 的 Sheet1 工作表中 A2 单元格的数据，那么正确的引用格式为_____。

    A. Sheet!A2

    B. Book2!Sheet1(A2)

    C. BookSheet1A2

    D. [Book2]sheet1!A2

22. 通常，把计算机网络定义为_____。

    A. 以共享资源为目标的计算机系统

    B. 能按网络协议实现通信的计算机系统

    C. 由分布在不同地点的多台计算机互联起来构成的计算机系统

    D. 把分布在不同地点的多台计算机在物理上实现互联，按照网络协议实现相互间的通信，共享硬件、软件和数据资源为目标的计算机系统

23. 网络中任何一个工作站发生故障，都有可能导致整个网络停止工作，这种网络的拓扑结构

为_____结构。

    A. 星型

    B. 环型

    C. 总线型

    D. 树型

24. 计算机网络按使用范围可分为_____和_____。

    A. 广域网　局域网

    B. 专用网　公用网

    C. 低速网　高速网

    D. 部门网　公用网

25. 网址开头的"http"表示_____。

    A. 高级程序设计语言

    B. 域名

    C. 超文本传输协议

    D. 网址

26. 在 Internet 的应用中，用户可以远程控制计算机即远程登录服务，它的英文名称是_____。

    A. DNS

    B. TELNET

    C. Internet

    D. SMPT

27. 发送电子邮件时，邮件地址必须包含_____电子邮件才能正常发送。

    A. 用户名、用户口令

    B. 用户名

    C. 用户名、邮箱主机的域名

    D. 用户名、口令和邮箱主机的域名

28. 在放映演示文稿时，用户可以利用鼠标在幻灯片上写字或画画，这些内容_____。

    A. 自动保留在演示文稿中

    B. 放映结束时可以选择保留在演示文稿中

    C. 不可以选择墨迹颜色

    D. 不可以擦除痕迹

29. 在互联网环境下，病毒传播的最主要途径是_____。

    A. 通过优盘感染

    B. 使用盗版软件感染

    C. 通过网络感染

    D. 通过复制系统感染

30. 为了保证内部网络的安全，下面的做法中无效的是_____。

    A. 制定安全管理制度

    B. 在内部网与因特网之间加防火墙

    C. 给使用人员设定不同的权限

    D. 购买高清显示器

模拟题五

1. 采用超大规模集成电路的计算机称为_____。
   A. 第一代计算机
   B. 第二代计算机
   C. 第三代计算机
   D. 第四代计算机

2. 快递公司将包裹进行自动分拣，使用的计算机技术属于_____。
   A. 科学计算
   B. 系统仿真
   C. 辅助设计
   D. 模式识别

3. 下列关于物联网的描述，错误的是_____。
   A. 物联网不是互联网的概念、技术与应用的简单扩展
   B. 物联网与互联网在基础设施上没有重合
   C. 物联网的主要特征有全面感知、可靠传输、智能处理
   D. 物联网的计算模式可以提高人类的生产力、效率、效益

4. 多媒体计算机是指_____。
   A. 具有多种外部设备的计算机
   B. 能与多种电器连接的计算机
   C. 能处理多种媒体信息的计算机
   D. 借助多种媒体操作的计算机

5. 计算机的指令系统不同，主要是因为_____。
   A. 所用的操作系统不同
   B. 系统的总体结构不同
   C. 所用的 CPU 不同
   D. 所用的程序设计语言不同

6. 衡量内存的性能有多个技术指标，但不包括_____。
   A. 存储容量
   B. 存取周期
   C. 取数时间
   D. 成本价格

7. 在计算机上通过键盘输入一段文章时，该段文章首先存放在主机的_____中，如果希望将这段文章长期保存，应以_____形式存储于_____中。
   A. 内存、文件、外存
   B. 外存、数据、内存
   C. 内存、字符、外存
   D. 键盘、文字、打印机

8. 在下列微机硬件中，既可作为输出设备，又可作为输入设备的是_____。
   A. 绘图仪
   B. 扫描仪
   C. 手写笔
   D. 硬盘

9. 在 16×16 点阵字库中，存储一个汉字的字模信息需用的字节数是_____。
   A. 8
   B. 24
   C. 32
   D. 48

10. 通常，一条指令的执行可分为取指令、分析指令和_____指令 3 个阶段。
    A. 编译
    B. 解释
    C. 执行
    D. 调试

11. C++是一种_____的程序设计语言。
    A. 面向用户
    B. 面向问题
    C. 面向过程
    D. 面向对象

12. 下列关于系统软件的叙述中，正确的是_____。
    A. 系统软件主要为提高系统的性能等，与具体的硬件有关
    B. 系统软件与具体的硬件无关
    C. 系统软件是在应用软件基础上开发的，所以它依赖应用软件
    D. 系统软件就是操作系统

13. 下列叙述中，正确的是_____。
    A. 把数据从内存传送到硬盘上的操作称为输入
    B. 金山打字通是一个国产的系统软件
    C. 电梯口播放广告的液晶显示屏属于输入设备
    D. 将高级语言编写的源程序转换成可执行的目标程序称为编译

14. 在以下人为的恶意攻击行为中，属于主动攻击的是_____。
    A. 截获数据包
    B. 数据窃听
    C. 数据流分析
    D. 篡改他人网络账号的密码

15. 在分时操作系统中，操作系统可以控制_____按时间片轮流分配给多个进程执行。
    A. 控制器
    B. 运算器
    C. 存储器
    D. CPU

16. Windows 系统中，在没有清空回收站之前，回收站中的文件或文件夹仍然占用_____空间。
    A. 内存
    B. 硬盘
    C. 优盘
    D. 光盘

17. 张老师将 C 盘的"课件"文件夹拖到 C 盘的"作品"文件夹中，系统执行的操作是_____。
    A. 复制
    B. 移动
    C. 粘贴
    D. 剪切

18. 下列关于在 Word 文档中创建项目符号的叙述，正确的是_____。
    A. 以段落为单位创建项目符号
    B. 以选中的文本为单位创建项目符号
    C. 以节为单位创建项目符号
    D. 可以任意创建项目符号

19. 在 Word 中，若想用格式刷进行某一格式的一次复制、多次应用，可以_____。
    A. 双击格式刷
    B. 右键双击格式刷
    C. 单击格式刷
    D. 右键单击格式刷

20. 在 Excel 中，数据清单中的列标记被认为是数据库的_____。
    A. 字数
    B. 字段名
    C. 数据类型
    D. 记录

21. 在 Excel 中，利用格式菜单可在单元格内部设置_____。
    A. 曲线
    B. 图形
    C. 斜线
    D. 箭头

22. 网络技术包含的两个主要技术是计算机技术和_____。
    A. 微电子技术
    B. 通信技术
    C. 图像处理技术
    D. 自动化技术

23. 不同网络体系结构的网络互联时，需要使用_____。
    A. 中继器
    B. 网关
    C. 网桥

D. 集线器

24. 下列哪种计算机网络是按网络拓扑结构划分的_____。

    A. 局域网

    B. 城域网

    C. 广域网

    D. 星型网

25. 在 Internet 中，通过_____将域名转换为 IP 地址。

    A. Hub

    B. WWW

    C. BBS

    D. DNS

26. Internet 中 URL 的含义是_____。

    A. 统一资源定位器

    B. Internet 协议

    C. 简单邮件传输协议

    D. 传输控制协议

27. 关于收发电子邮件，以下叙述正确的是_____。

    A. 必须在固定的计算机上收/发邮件

    B. 向对方发送邮件时，不要求对方开机

    C. 一次只能发给一个接收者

    D. 发送邮件无须填写对方邮件地址

28. 如果要改变幻灯片的大小和方向，可以选择"设计"选项卡中的_____。

    A. 格式

    B. 页面设置

    C. 关闭

    D. 保存

29. 计算机病毒会造成_____。

    A. CPU 的烧毁

    B. 磁盘驱动器的物理损坏

    C. 程序和数据的破坏

    D. 磁盘存储区域的物理损伤

30. 数字签名是解决_____问题的方法。

    A. 未经授权擅自访问网络

    B. 数据被泄露或篡改

    C. 冒名发送数据或发送数据后抵赖

    D. 以上 3 种

参考答案

模拟题一：

1—5　　DCDCB　　6—10　　CCCDA　　11—15 DAACD

16—20　ABDAC　　21—25　BDACC　　26—30 CDBBD

模拟题二：

1—5　　CBCBA　　6—10　　BCADC　　11—15 ACACD

16—20　AABAC　　21—25　CACCB　　26—30 DCDBC

模拟题三：

1—5　　DCCCC　　6—10　　ABBBA　　11—15 ACDDA

16—20　DBCCC　　21—25　BDBBD　　26—30 DCBAD

模拟题四：

1—5　　AADAB　　6—10　　CCABA　　11—15 ADBAA

16—20　AADCC　　21—25　DDBAC　　26—30 BCBCD

模拟题五：

1—5　　DDBCC　　6—10　　DADCC　　11—15 DADDD

16—20　BBAAB　　21—25　CBBDD　　26—30 ABBCD